基于深度学习的装配监测

陈成军 著

科学出版社
北京

内 容 简 介

本书以深度学习技术在机械产品装配过程监测中的应用为主线,分别从装配动作识别、机械装配体多视角变化检测与位姿估计、RV减速器装配监测与深度学习网络模型部署等方面开展研究,建立了数据集,改进或提出了深度学习模型,对深度学习模型进行了训练,并与已有的方法进行了对比。全书共7章,主要内容包括人工智能技术基础,基于深度学习的装配动作识别,基于深度学习的机械装配体多视角变化检测与位姿估计,基于Transformer的机械装配体多视角变化检测和装配顺序监测,以及基于深度学习的RV减速器装配监测与部署,最后总结本书内容并进行展望。

本书可作为机械工程、计算机科学与技术等专业硕士生和高年级本科生的教材,也可供从事视觉监测研究和应用的人员参考。

图书在版编目(CIP)数据

基于深度学习的装配监测 / 陈成军著. -- 北京:科学出版社,2024. 12.
ISBN 978-7-03-079524-3

Ⅰ.TH163-39

中国国家版本馆CIP数据核字第2024SH0648号

责任编辑:裴 育 朱英彪 / 责任校对:任苗苗
责任印制:肖 兴 / 封面设计:有道文化

科学出版社 出版
北京东黄城根北街16号
邮政编码:100717
http://www.sciencep.com
北京中科印刷有限公司印刷
科学出版社发行 各地新华书店经销

*

2024年12月第 一 版 开本:720×1000 1/16
2024年12月第一次印刷 印张:11 1/2
字数:232 000
定价:98.00元
(如有印装质量问题,我社负责调换)

前　言

当前，机械产品装配行业依然面临自动化、智能化水平不高的情况。由于机械装配体中零件的形状尺寸各异，从技术或成本的角度难以实现所有零件的自动化装配，因此在装配工序中一般采取自动化设备与人工结合的工作方式。然而，受到各种客观和主观因素的影响，人工装配难免存在错装、漏装等问题。因此，装配智能监测是机械行业急需解决的关键难题。

随着计算机硬件性能的提高和深度学习技术的发展，深度学习技术越来越多地应用在机械产品加工、装配中。本书主要研究基于深度学习的装配监测方法，包括装配动作识别、机械装配体多视角变化检测与位姿估计、RV（rotary vector，旋转矢量）减速器装配监测与深度学习网络模型部署等内容。

在装配动作识别方面，本书通过监测操作人员在装配中的不当行为和异常行为实现装配监测，首先采集操作人员的肌电信号、惯性信号、视觉信号等，然后利用深度学习技术提取数据特征，从而判断操作人员的动作类别，实现装配中动作的监测。在机械装配体多视角变化检测与位姿估计方面，本书通过深度学习和 Transformer 的方法，分析装配前后装配体两个或多个视角图像差异来监测图像上的变化区域，识别零件，监测产品的漏装；位姿估计是在检测装配体中零件种类的基础上，同时判断其位置和姿态，监测零件的错装。在 RV 减速器装配监测与深度学习网络模型部署方面，本书采用深度学习中的语义分割和目标检测技术识别 RV 减速器中的零件，设计基于深度学习的 RV 减速器装配监测软件，实现深度学习算法在工业现场的部署和应用。

本书由陈成军撰写，研究生宋怡仁、赵希聪、李长治、岳耀帅等参与了本书相关内容的研究。本书得到了国家自然科学基金面上项目"基于一致性数字孪生模型的月基机器人装配技能学习与装配过程预测"（52175471）和国家重点研发计划"网络协同制造和智能工厂"重点专项课题"制造系统场景在线感知及特征智能提取技术"（2018YFB1701302）等的支持。

由于作者水平有限，书中难免存在疏漏之处，请广大读者批评指正。

陈成军

青岛科技大学/青岛理工大学

目 录

前言
第1章 绪论 ··· 1
  1.1 装配监测的意义 ··· 1
  1.2 装配监测的研究现状 ·· 2
    1.2.1 装配监测 ··· 2
    1.2.2 动作识别 ··· 3
    1.2.3 图像变化检测 ·· 7
    1.2.4 位姿估计 ··· 9
    1.2.5 深度学习网络模型部署 ··· 11
  1.3 本书主要内容 ·· 12
第2章 卷积神经网络与Transformer模型理论基础 ··· 14
  2.1 卷积神经网络 ·· 14
    2.1.1 卷积神经网络基本结构 ··· 14
    2.1.2 卷积神经网络主要模块 ··· 16
    2.1.3 卷积神经网络训练过程 ··· 18
  2.2 Transformer模型 ·· 19
  2.3 深度学习网络框架及部署工具 ··· 20
    2.3.1 深度学习网络框架 ··· 20
    2.3.2 部署工具 ··· 20
  2.4 本章小结 ··· 21
第3章 基于深度学习的装配动作识别 ··· 22
  3.1 基于表面肌电信号和惯性信号的装配动作识别方法 ····································· 22
    3.1.1 装配动作识别流程 ··· 22
    3.1.2 信号采集 ··· 23
    3.1.3 信号预处理 ·· 24
    3.1.4 基于通道注意力时空特征的卷积神经网络 ··· 26
    3.1.5 实验环境参数设置及评价指标 ·· 28
    3.1.6 模型实验验证 ·· 29
  3.2 基于注意力机制和多尺度特征融合动态图卷积网络的
       装配动作识别方法 ··· 32

  3.2.1 基于注意力机制和多尺度特征融合的动态图卷积网络……33
  3.2.2 数据集的制作……37
  3.2.3 实验结果与分析……39
 3.3 基于视频帧运动激励聚合和时序差分网络的装配动作识别方法……45
  3.3.1 运动激励聚合和时序差分网络……45
  3.3.2 数据集的制作……50
  3.3.3 实验结果与分析……50
 3.4 本章小结……56

第 4 章 基于深度学习的机械装配体多视角变化检测与位姿估计……57

 4.1 基于深度图像注意力机制特征提取的机械装配体多视角
   变化检测方法……57
  4.1.1 基于深度图像注意力机制特征提取的多视角变化检测网络……57
  4.1.2 数据集的制作……62
  4.1.3 实验环境与指标选取……64
  4.1.4 实验结果与分析……65
 4.2 基于三维注意力和双边滤波的机械装配体多视角变化检测方法……70
  4.2.1 基于三维注意力和双边滤波的变化检测网络……70
  4.2.2 数据集的制作……74
  4.2.3 实验环境和指标选取……75
  4.2.4 实验结果与分析……76
 4.3 基于深度学习的机械装配体零件多视角位姿估计方法……79
  4.3.1 机械装配体零件多视角位姿估计网络……79
  4.3.2 DenseFusion 位姿估计网络……79
  4.3.3 数据集的制作……82
  4.3.4 实验环境与指标选取……84
  4.3.5 实验结果与分析……84
 4.4 本章小结……86

第 5 章 基于 Transformer 的机械装配体多视角变化检测与装配顺序监测……87

 5.1 基于深度可分离卷积的特征融合和特征细化的机械装配体多视角
   变化检测方法……87
  5.1.1 基于深度可分离卷积的特征融合和特征细化的多视角变化检测网络……87
  5.1.2 数据集的制作……90
  5.1.3 实验环境与指标选取……91
  5.1.4 实验结果和分析……92
 5.2 基于机械装配体图像多视角语义变化检测的装配顺序监测方法……96
  5.2.1 装配顺序监测方法……96

  5.2.2 数据集的制作 ··· 102
  5.2.3 实验环境与指标选取 ·· 104
  5.2.4 实验对比的其他变化检测网络 ···································· 105
  5.2.5 实验结果与分析 ·· 108
 5.3 本章小结 ·· 113

第 6 章 基于深度学习的 RV 减速器装配监测与部署 ················ 114
 6.1 RV 减速器装配图像采集试验台及数据集制作 ··················· 114
  6.1.1 RV 减速器装配图像采集试验台 ································· 114
  6.1.2 RV 减速器装配语义分割数据集 ································· 118
  6.1.3 RV 减速器螺钉目标检测数据集 ································· 122
  6.1.4 RV 减速器针齿目标检测数据集 ································· 123
 6.2 基于深度学习的 RV 减速器装配监测方法 ·························· 124
  6.2.1 语义分割网络模型选择 ·· 124
  6.2.2 语义分割网络模型训练 ·· 128
  6.2.3 目标检测网络模型选择 ·· 130
  6.2.4 目标检测网络模型训练 ·· 132
 6.3 基于目标检测的针齿安装监测方法 ······································· 133
  6.3.1 改进 RetinaNet 目标检测网络模型 ···························· 133
  6.3.2 改进 RetinaNet 模型与 YOLOv5s 模型对比 ············ 143
 6.4 RV 减速器装配监测软件设计 ··· 145
  6.4.1 图像采集模块 ·· 145
  6.4.2 图像预测模块 ·· 147
  6.4.3 零件监测模块 ·· 149
  6.4.4 界面操作模块 ·· 152
  6.4.5 RV 减速器零件漏装监测实验 ···································· 155
  6.4.6 RV 减速器针齿安装监测实验 ···································· 158
 6.5 本章小结 ·· 160

第 7 章 总结与展望 ··· 161
 7.1 本书总结 ·· 161
 7.2 研究展望 ·· 162

参考文献 ·· 164

第 1 章 绪　　论

1.1　装配监测的意义

当前航天装备、精密零部件等机械系统的装配仍以手工、离散作业为主，具有装配操作环节多、操作过程复杂等特点，产品装配过程易受到人为错误的影响，导致产品出现漏装错装等问题[1]。在复杂装配体零部件装配过程中，若未能及时检测到新装配零部件的装配问题，则会影响到机械产品的质量和装配效率。因此如何有效地监测机械产品装配过程，及时发现其中错误成为当前制造业急需解决的问题之一。图 1.1 为某工厂机械装配车间现场。传统机械装配监测主要依靠有经验的装配工人凭借复杂的装配图纸检验产品装配是否正确。这种方法监测效率低，产品质量难以保障，无法满足智能监测要求。另外，在航天装备等复杂机械产品装配领域，关键装配步骤往往由两名工人同时参与，一人监督，另一人操作，两人共同对产品装配质量负责。上述的装配方式虽然在一定程度上避免了装配错误的发生，但也降低了产品的装配效率，增加了企业的人工成本。

图 1.1　某工厂机械装配车间现场

计算机视觉技术的发展对制造业升级具有重要意义，尤其是深度学习技术的快速发展促进了智能制造业的发展。针对上述人工装配易出错的问题，本书利用计算机视觉和深度学习技术，从装配动作识别、机械装配体多视角变化检测与位姿估计、RV 减速器装配监测与深度学习模型部署三个方面研究装配监测方法。

基于深度学习的装配动作识别技术[2,3]：根据输入数据类型的不同，该技术分为基于人体动作信号的识别方法和基于视觉的识别方法。这两类方法针对不同的场景特点有不同的优势，因此本书分别使用表面肌电(suface electromyography，sEMG)信号及惯性信号、装配行为图像和装配行为视频作为深度学习网络的输入数据，判断操作人员装配动作类型，监测操作人员的操作过程，实现装配监测。

基于深度学习的机械装配体多视角变化检测与位姿估计技术：从多视角检测每个装配步骤新装配零部件的位置与姿态，获取机械装配过程相关信息，及时发现其中错误，检测装配体是否存在零件错装漏装。

基于深度学习的 RV 减速器装配监测与部署技术：以 RV 减速器为应用对象，使用语义分割和目标检测方法，检测 RV 减速器装配过程图像，识别已装配的零件，检测漏装错误，编写软件并将其部署到工业生产环境中，实现理论与算法的应用。

将深度学习、Transformer 等技术应用到装配监测中不仅能够提高机械产品的生产效率，保障机械产品质量水平，降低企业生产成本，还可以提高机械装配自动化及智能化程度，具有一定研究价值。

1.2　装配监测的研究现状

本书主要研究各种装配监测方法，提出基于深度学习的装配动作识别方法、基于深度学习的机械装配体多视角变化检测与位姿估计方法、基于深度学习的 RV 减速器装配监测与部署方法。因此下面将从装配监测、动作识别、图像变化检测、位姿估计和深度学习网络模型部署五个方面分析国内外研究现状。

1.2.1　装配监测

装配是机械产品生产过程的重要环节。及时准确地进行装配监测可以保证机械产品的每一个零部件都被正确安装到相应位置，避免出现零件漏装错装等情况。针对复杂产品装配，如何实现实时准确的装配监测成为一个重要的问题。

当前，针对装配监测的研究已经取得了许多成果。例如，刘小峰[4]搭建了一种在线检测汽车变速箱装配质量的振动信号分析系统，该系统提取了变速箱中主要零部件的振动信号特征，利用阶比分析方法分析振动信号，同时针对阶比分析方法的不足，提出了阶比分析和小波结合的方法，经现场测试，该系统可正确检测汽车变速箱装配质量。徐迎[5]提出了监测手工装配气动工具操作状态的方法，该方法分别利用霍尔传感器和激光测距传感器检测装配工具转速和钻孔数量，并使用无线网络上传数据，提高了装配流程数字化程度。谢贺年等[6]提出基于最小均方误差参量估计的航空发动机修理装配中活塞倾斜度自动检测方法，该方法采用阻尼力矩转动控制方法和严格反馈修正方法控制和修正活塞倾斜度，结合最小均方误差参量估计方法进行活塞倾斜度测量和参数估计，实现对活塞倾斜度的自动检测和控制。

可以看到，当前大部分的装配监测方法是基于力矩、激光测距等传感器实现的。随着计算机硬件和视觉算法技术的发展，计算机视觉技术在装配监测中也取得了一些应用成果。例如，田中可等[7,8]提出一种基于深度图像和像素分类的装配体零件识别及装配监测方法，以及一种基于像素局部二值模式(pixel local binary patterns，PX-LBP)和像素分类的装配体零件识别及装配监测方法，该方法在装配维修诱导、装配监测和自动化装配领域中有一定的应用价值。李勇[9]提出了基于边缘特征的模板匹配检测方法和基于支持向量机(support vector machine，SVM)的检测方法，实现了汽车门锁装配过程中的拉簧装配监测，对比实验表明基于SVM的检测方法具有良好的应用效果，能够实现车门锁拉簧装配监测。

基于机器视觉的装配零件检测和装配监测方法多采用传统机器学习算法，通过分析图像中零件或装配体的特征，选用图像特征提取算法来提取特征，然后利用分类算法来识别零件或装配体。然而，图像特征提取算法和分类算法的选择设计对识别精度影响较大，算法选择设计不当会造成识别效果下降。

近年来，随着深度学习算法的发展，基于深度学习的计算机视觉技术已开始应用在各行各业中。深度学习算法通过对数据集的学习，能够自动提取图像特征，在复杂的装配监测中往往具有更好的适应性。因此，基于深度学习的零件识别和装配监测成为重要的发展方向。目前，已经有一些关于深度学习应用在装配领域的研究。例如，王必贤等[10]提出了一种使用深度学习目标检测算法精确定位装配区域的系统，该系统实现了装配区域定位、工件分类和手部跟踪等功能，可在装配工作中引导操作人员完成装配。张春林[11]提出了基于多跳跃式全卷积神经网络的装配体深度图像语义分割方法，该方法在机械装配体深度图像数据集上实现了优良的语义分割效果，同时也提出了基于可训练引导滤波器和多尺度特征图的装配体深度图像语义分割方法和基于U-Net的装配体深度图像轻量级语义分割方法，以上方法改善了装配体中小零件的分割性能并解决了分割图像边缘模糊的问题。黄凯[12]采用了表面肌电信号作为主要的输入信息，应用神经网络模型，实现了螺栓装配扭矩的定量检测和螺栓装配类型的定性检测。

1.2.2 动作识别

除了检测装配体零件的有无和位姿变化外，监测装配工人的装配动作也是装配监测的重要内容。装配动作识别属于动作识别方法的应用领域，目前动作识别方法已有广泛的研究，本节从基于可穿戴传感器的动作识别方法、基于图像的动作识别方法和基于视频的动作识别方法三个方向对动作识别方法进行介绍。

1. 基于可穿戴传感器的动作识别方法

基于可穿戴传感器的动作识别主要通过分析从可穿戴传感器获得的人体主体数据，自动检测和识别相关动作[13,14]。可穿戴传感器具有易于携带、价格低廉、灵敏度高、支持无线连接、隐私保护功能强和计算成本低等优势，特别适用于捕捉一些特定的精细动作。除了在日常生活[15-18]、医疗健康[19-21]和机器人示教[22,23]有广泛应用，动作识别也越来越多地被用于车间工人装配动作识别、量化和工人绩效评估[24-27]。

可穿戴传感器主要通过惯性测量单元(inertial measurement unit，IMU)和表面肌电信号采集系统获取人体运动数据、肌电信号等。其中，惯性测量单元包括加速度计、陀螺仪、磁力计或这些设备的组合，能够捕获其所附着的人体部位的姿态和运动数据，被广泛应用于动作识别任务中。Stiefmeier 等[28]使用一种名为 MYO 的可穿戴手势控制臂环采集人体运动的惯性信号，并提出了一种基于多个平行定位结果融合的连续动作识别方法，其中底层定位依赖于字符串模板匹配算法，以此处理连续动作轨迹的符号表示，该方法应用于现实世界的汽车装配识别场景，识别准确率高达 87%。Stiefmeier 等[29]使用可穿戴传感器跟踪汽车维修工人的每个工作步骤，以便在任何时刻向他们提供所需的信息，同时通过可穿戴辅助设备为学员提供在线的组装步骤指导，以简化培训步骤。Al-Amin 等[30]分别使用两个 MYO 臂环捕获工人两只手的惯性测量单元数据，然后将得到的两个惯性测量单元数据分别输入具有相同架构的卷积神经网络模型进行独立训练，最后将两个卷积神经网络模型的分类结果融合以产生最终的动作识别结果，以此来识别装配工人左手和右手动作，该方法有效地提高了动作的识别精度。

综上，当前大多数研究都是使用单个传感器或单一类型传感器来捕获动作数据完成识别任务。但是依靠单个传感器捕获的数据来识别工人相关的动作信息不太可靠，特别是涉及多个身体部位协作的动作类型。因此，在复杂装配制造任务中识别工人动作时，利用不同类型的信号识别装配动作有利于提高识别准确率。Ekaterina 等[21]提出了一种利用 MYO 臂环来实现手部清洁动作识别的方法，该方法首先利用 MYO 臂环来提取手臂动作产生的惯性信号和表面肌电信号，然后利用隐马尔可夫模型来识别清洁手掌、清洁手背和指间、清洁手掌和指间等六种动作，该方法对单个动作的识别准确率达到了 98.30%(±1.26%)。Ogris 等[31]采用隐马尔可夫模型分类器，利用超声波和 IMU 信号识别自行车维护场景中的工人动作。Koskimaki 等[32]提出了一种利用 k 近邻(k-nearest neighbors，KNN)模型对工业装配线的四种活动(锤击、拧紧、使用扳手和使用电钻)进行分类的方法，首先使用腕戴式 IMU 来捕捉工人手臂动作产生的加速度和角速度信号，然后使用滑动窗口方法对数据进行划分，最后应用 KNN 模型对动作数据进行识别，识别准确率可达到 90%。Chang 等[33]提出了一种基于 IMU 和 sEMG 传感器的分层手势识别方法，准确率可达到 95.6%。Maekawa 等[34]提出了一种无监督的测量方法，该方法使用带有 IMU 的智能手表的信号来估算工厂的交货时间。

通过数据、特征和决策级别的传感器融合可以解决单一传感器信号所造成的信息不全面的难题。因此，在动作识别任务中，需要联合表面肌电信号和 IMU 数据精准识别用户状态以及复杂的动作类型。

2. 基于图像的动作识别方法

基于图像的动作识别方法主要分为两类：基于传统手工特征的图像动作识别方法和基于深度学习算法的图像动作识别方法。

1) 基于传统手工特征的图像动作识别方法

基于传统手工特征的图像动作识别方法首先需要设计特征提取算法，然后构建符合相应特征规律的机器学习模型，最后在建立的模型基础上进行动作识别。基于传统手工特征的图像动作识别方法中，密集轨迹(dense trajectories, DT)[35]和改进密集轨迹(improved dense trajectories, iDT)[36]的动作识别方法识别效果较好。DT方法首先对图像的特征点进行密集采样，其次跟踪特征点得到视频序列中的轨迹，然后根据这些轨迹进行特征提取和编码，最后通过 SVM 对动作进行分类。iDT 方法是在 DT 的基础上优化的，其利用图像前后帧的光流和关键点信息消除/减少相机运动的影响，使特征更集中用于对人体动作的描述。Warren 等[37]利用图像中的光流信息来识别人的行走。Danafar 等[38]提出了一种动作识别算法，该算法使用光流构造运动描述符并应用 SVM 进行分类，这种方法可以识别步行、抓取等六种常见行为动作，结果表明，该方法可以在不降低精度的前提下应用于低帧率图像，并且在不同视角下具有一定的鲁棒性。光流法[37,38]虽然对运动识别有很好的效果，但由于算法的计算速度很慢，无法满足装配监测任务的实时性要求。

2) 基于深度学习的图像动作识别方法

基于传统手工特征的动作识别方法无法满足高速、高精度的需求[39-41]。随着计算机硬件性能的不断提升，基于深度学习的算法逐渐成为了当前的研究热点。采用深度学习方法自动提取人体运动特征，克服了机器学习特征提取算法存在的效率低与差异大的难题[42]。深度学习模型是利用端到端网络的结构，从图像中抽取深层特征，并对动作进行分类。近年来，众多深度学习网络被应用于动作识别领域，卷积神经网络(convolutional neural network, CNN)[43,44]因其特有的局部权值和共享方式，与真实的生物神经网络更加贴近，因而在图像处理上有着得天独厚的优势。

近几年，图卷积网络[45,46]因其在非欧空间结构建模方面的优势而被广泛使用。国内外研究者普遍认为动作识别任务需要更高维的特征来表达，图卷积在处理拓扑数据时表现出更好的学习能力，因此图卷积网络可以发现和表达动作特征。Yan等[47]首次建立了一种以图结构为基础的运动骨架建模技术，利用图卷积来抽取人体骨架的空间特性，并利用时间卷积获得了时间特性，最后融合时间特征和空间特征得到动作分类结果。Shi 等[48]介绍了一种新的双流图卷积网络，可以根据网络中的关键信息进行自适应性学习，提高了建模的灵活性。

虽然利用人体骨骼关节点信息和骨骼长度方向信息作为网络输入，能够提高模型的精度，但骨骼关节点信息只能表达人体的动作，由于装配行为往往与工具的使用有关，因此仅依靠骨骼关节点难以进一步提升模型精度，当前动作本身和装配工具之间的潜在联系常常被忽略。图卷积网络不仅可以识别人体骨骼动作，还可以对图像中不同对象间的关系进行建模。Chen 等[49]提出了一种基于静态图卷积的模型，对类别之间的关系进行建模，以提高图像识别能力。Ye 等[50]提出使用动态图卷积为每张图像动态生成特定的图结构，在一定程度上改善了网络模型的泛化能力。

综上，相比于基于传统手工特征的动作识别方法，基于深度学习的动作识别方法不需要人为地进行特征提取，能够端到端学习数据特征。在装配动作识别研究中，基于骨骼关节点的动作识别方法研究较多，但是大多只能识别人体动作骨架特征，忽略了人体动作与装配工具特征间的潜在关系。

3. 基于视频的动作识别方法

在基于图像的动作识别方法中主要通过图像中背景、人的外表、姿势等空间特征信息来完成对图像中动作类型的特征提取，欠缺对时序特征的提取[51]。相比之下，视频通常涵盖动作的整个时间进程，除了包含空间特征信息，更多地包含时序特征信息。如何提取视频数据中相邻帧间的时序运动信息是建立基于视频的动作识别方法的关键。

当前主流的基于视频的动作识别方法主要分为两类：基于双流卷积架构的视频动作识别方法与基于 3D 卷积/变体(2+1)D 卷积的视频动作识别方法。

1）基于双流卷积架构的视频动作识别方法

基于双流卷积架构的视频动作识别方法是以双流卷积神经网络(two-stream convolutional neural network, two-stream CNN)为基础，通过对连续两帧图像进行光流差计算得到致密光流，使用运动图像和致密光流对 CNN 进行训练，并对运动分类进行判定。Simonyan 等[52]基于双流卷积神经网络，在空间域内以 RGB 图像为输入进行空间特征的抽取，在时域内以光流信息作为输入进行时序特性抽取，并使用多任务训练方法在公开动作识别数据集上进行分类，得到了良好的识别结果。许多学者都在此框架下进行了改进[53-55]，例如，Feichtenhofer 等[55]在空间网络和时序网络的双流卷积神经网络模型的基础上针对融合问题提出了五种不同的方案，并取得了一定的效果，推动了双流卷积神经网络架构的发展。然而，与二维卷积的空间流相似，依靠光流数据得到的动作特征仍然缺乏时序特征，此外，光流特征提取的时间和空间成本过高，不利于生产现场部署。

2) 基于 3D 卷积/变体(2+1)D 卷积的视频动作识别方法

为了有效地整合运动信息，研究人员使用 3D CNN 方法，例如，Tran 等[56]提出了一种简单有效的 C3D 网络(convolutional 3D network)模型，该模型使用 3×3×3 卷积核学习动作图像的时空特征。鉴于 3D CNN 存在的长期时域信息挖掘不充分、网络参数较多的问题，Diba 等[57]提出了一种端到端的 T3D 网络(temporal 3D-ConvNets)模型，提出了时域 3D 卷积核和时域变换层(temporal transition layer，TTL)，可以有效地捕捉长时域的高层语义信息。3D CNN 结构可以利用 3D 卷积核获取图像的空间和时间特性，从而获取更多的动态信息，其最大优点是快速计算能力，但其识别准确率普遍低于双流卷积神经网络结构。为了进一步提升 3D CNN 的计算能力，可将 3D CNN 分解为二维空间卷积和一维时间卷积[58-63]或利用 2D CNN 和 3D CNN 的混合[64-66]。

Wang 等[67]提出了时间分段网络(temporal segment network，TSN)方法，采用稀疏采样策略来捕获视频中的动作特征。时空映射(temporal-spatial mapping，TSM)[68]方法在 TSN 方法基础上引入了时空映射操作，通过分析视频帧的图像信息和光流信息来捕获帧的时序信息，上述两种方法都需要额外处理光流信息。相比之下，时间激励与聚合(temporal excitation and aggregation，TEA)[69]方法使用多时间聚合模块，无须引入光流计算就可以提取时序信息。时间差分网络(temporal difference network，TDN)[70]方法通过计算时间差异来学习近似的特征级运动表示，捕获多尺度时间信息用以动作识别。

1.2.3 图像变化检测

当前，基于深度学习技术的语义分割和目标检测算法可用于机械装配监测领域，但是此类方法大多只能从单一视角进行装配监测，缺乏装配过程的动态监测。本书研究了基于深度学习的机械装配体多视角变化检测与位姿估计方法，从不同视角检测低纹理、颜色单一的装配体零件，以实现机械产品装配顺序与装配姿态的智能监测。

图像变化检测技术能够根据两张不同时间图像的信息,判断图像状态的差异[71]，如图 1.2 所示。图像变化检测目前主要应用于卫星图像和航拍图像研究中，对遥感[72,73]、灾害评估[74]和环境监测[75,76]等具有重要实用价值。传统图像变化检测流程主要包含三步：①输入两张需要检测分析的图像（双时图像）；②使用差异算子或其他方法获得差异图像；③分析差异图像数据获得变化区域[77]。此类方法过度依赖于差异图像，而差异图像的形成伴随着较大的噪声干扰，因此传统图像变化检测结果准确率普遍不高。随着深度学习技术的广泛应用，其在图像变化检测领域得到了广泛研究。目前，基于深度学习的图像变化检测方法主要分为有监督图像变化检测网络和无监督图像变化检测网络两类。

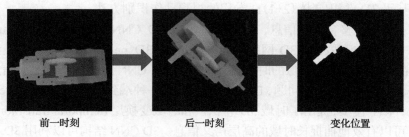

图 1.2　图像变化检测示意图

1. 有监督图像变化检测网络

有监督图像变化检测网络需要大量的带有人工标签的数据集用于训练。由于图像变化检测网络的输入是双时图像，根据网络结构和流程，有监督图像变化检测网络可以分为双流结构和单流结构。

双流结构图像变化检测网络通常对双时图像分别进行一系列特征处理，然后合并处理后的特征信息得到变化区域。例如，Guo 等[78]提出一种全卷积孪生变化检测网络，该网络自定义隐式度量来描述变化范围，使用阈值对比损失策略降低噪声干扰，解决了评估指标差异较大的问题，但是该网络过于依赖自定义的隐式度量，因此网络泛化能力较低。Zhang 等[79]提出一种双流结构图像变化检测网络，将多级深层特征与图像差异特征通过特征融合进行变化重构，但是该网络较为复杂，图像变化检测实时性较差。为了兼顾检测精度与效率，Chen 等[80]提出了一种基于时空注意力机制的图像变化检测孪生网络，该网络将图像划分为多个子区域，使用多尺度注意力机制捕捉特征依赖关系，提高了图像变化检测精度与效率，但是该方法增加了大量网络参数，导致网络模型较大，对设备要求较高。Li 等[81]提出了一种全卷积 Siam-Nested UNet 变化检测网络，该网络仅调整了 UNet 部分结构以适应图像变化检测任务，检测效果提升并不明显。

单流结构图像变化检测网络通常先合并双时图像，然后提取图像特征，进而得到变化区域。例如，Jaturapitpornchai 等[82]提出了一种跳跃连接的全卷积图像变化检测网络，该网络可以识别地面区域整体结构的变化位置，但是该网络容易检测到无关区域。单流结构图像变化检测网络的检测流程决定了其处理数据的差异特征性能较差，检测效果并不理想。因此，目前有监督图像变化检测网络主流方法是双流结构图像变化检测网络。

2. 无监督图像变化检测网络

无监督图像变化检测网络的核心思想是通过对数据的统计特性和相似性进行分析，发现数据中的潜在结构和模式。与有监督图像变化检测网络不同，无监督图像变化检测网络由于没有标签数据，大多直接根据数据样本间的相似性对数据进行处理和聚类，以此获得变化区域[77]。例如，Gao 等[83]采用主成分分析算法作为卷积滤波器，利用 Gabor 小波变换和模糊 C 均值聚类算法选择特征兴趣点，对像素分类以形成变化区域，该方法对斑点噪声具有一定鲁棒性。Amin 等[84]提出利用卷积神经网络直接提取图像特征，根据提取的高维特征信息使用欧氏距离计算变化位置，但是该网络首先需要进行图像注册，该过程较为繁琐耗时。

为了提高无监督图像变化检测网络效率，Gao 等[85]设计了通道加权模块，该模块能够处理特征数据冗余问题，加强有价值的通道特征数据，抑制不必要的通道特征数据。Du 等[86]提出一种慢特征分析方法，以抑制不变特征信息，突显变化特征信息，通过变化矢量分析算法提取高置信度变化特征信息，然后采用卡方距离计算变化强度，最后通过阈值确定最终变化位置，该方法对特定的单一变化有效，但是对于多类别变化检测效果不理想。Luppino 等[87]提出一种用于无监督图像变化检测的特征自动对齐编码器，有效减少了无关特征对图像变化检测的影响，但是该方法对输入数据要求较高，当输入数据特征信息较少时，网络性能会变差。

虽然图像变化检测领域引入了深度学习技术，提出了许多基于深度学习的图像变化检测算法，并取得了良好效果，但是此类方法主要应用于遥感卫星图像和航拍图像等相似视角图像变化检测。当前，关于机械装配体多视角图像变化检测的研究较少，这主要是因为相对于卫星图像，机械装配体零件存在遮挡严重、零件颜色和纹理信息单一等特点，难以进行图像变化检测，同时缺少对应的数据集。

1.2.4 位姿估计

位姿估计通过机器视觉对图像中目标对象的种类及位置进行判断，并估计它们在空间坐标系中的旋转矩阵和偏移矩阵[88]。位姿估计技术是机器人抓取和操纵[89]、自动驾驶[90]以及增强现实[91]等应用的重要组成部分。

传统位姿估计方法大多使用人工构建的模板来提取图像特征，通过模板匹配算法实现位姿估计[92]，但是这种经验性的人工设计模板会因光照条件的变化和严重遮挡而受到限制。近年来，基于深度学习的位姿估计方法受到广泛关注，例如，PoseNet[93]引入卷积神经网络架构，能够从单张 RGB 图像中回归目标对象的位姿信息。当前基于深度学习的位姿估计方法可大致分为三类：基于整体位姿估计的方法、基于关键点位姿估计的方法和基于密集对应位姿估计的方法[88]。

1. 基于整体位姿估计的方法

基于整体位姿估计的方法直接估计给定图像中目标对象的位姿。例如, Gupta 等[94]提出一种基于深度神经网络的位姿估计方法, 用以直接预测目标对象的 6D 位姿, 但是该方法存在旋转空间的非线性问题, 使得深度神经网络难以学习位姿信息。为了解决这个问题, Li 等[95]提出一种后处理迭代算法以优化预测的位姿信息。Sundermeyer 等[96]使用域随机化算法在 3D 模型的模拟视图上训练一个编码器, 该方法不是学习从输入图像到目标对象姿态的显式映射, 而是提供潜在空间中目标对象位姿的隐式表示, 但该方法仍然需要后处理优化过程来补偿离散化所牺牲的精度。

2. 基于关键点位姿估计的方法

基于关键点位姿估计的方法首先检测图像中对象的 2D 关键点, 然后利用 PnP 等算法估计 6D 位姿[88]。一些经典方法[97]能够有效地检测出具有丰富纹理目标对象的 2D 关键点坐标, 但是它们无法有效处理无纹理的目标对象。随着深度学习技术的发展, 国外学者提出了一些基于深度学习的 2D 关键点检测方法。例如, Tekin 等[98]使用卷积神经网络直接预测目标对象的 2D 关键点坐标, 而 Oberweger 等[99]则利用卷积神经网络提取热力图, 定位目标对象的 2D 关键点。这类基于 2D 关键点的方法旨在最小化目标对象的 2D 投影误差, 但是 2D 投影中微小的误差会导致较大的 3D 坐标位姿误差。为此, Suwajanakorn 等[100]从合成彩色图像的两个视图中提取 3D 关键点以恢复空间位姿, 然而该方法只利用了彩色图像信息, 由于投影过程会丢失部分刚性物体的几何约束信息, 并且三维空间中的不同关键点在投影到二维平面后可能出现重叠现象, 所以位姿估计效果不佳。

3. 基于密集对应位姿估计的方法

基于密集对应位姿估计的方法主要利用投票方案对每个像素预测的位姿结果进行投票, 根据投票得分确定最终位姿信息[101]。这类方法使用密集的 2D 到 3D 对应关系, 使得网络对遮挡场景具有一定鲁棒性。例如, PVNet[102]是通过回归关键点的像素单位向量, 采用 RANSAC (random sample consensus, 随机样本一致性) 投票机制对关键点逐像素投票, 实现目标对象位姿估计。Wang 等[103]提出直接使用深度神经网络回归目标对象的旋转和平移信息, 利用彩色图像和深度图像特征融合, 在像素级别上进行 RGB 值以及点云数据融合, 通过位姿迭代细化算法将其映射到空间特征向量, 用此空间特征向量进行位姿估计, 有效解决了遮挡环境中位姿估计问题。

当前位姿估计网络尽管表现得越来越稳定，但是仍主要应用于机器人抓取研究中。针对机械装配体中存在的零件遮挡严重、颜色单一、结构对称和纹理变化小等问题，本书研究了基于深度学习的机械装配体零件多视角位姿估计方法，能够从不同视角对低纹理、遮挡严重的装配体零件进行位姿估计。

1.2.5 深度学习网络模型部署

深度学习网络模型部署是应用深度学习技术的重要环节，一般深度学习网络模型都是在 TensorFlow 或 PyTorch 等理论研究常用的深度学习框架下进行编写和训练，使用高性能服务器作为硬件载体，图像和推理计算结果的传输通过网络实现。而在机械产品的生产环境中，往往不具备配置高性能服务器的条件，若直接将训练好的模型部署到实际生产环境中的工控机、移动设备或嵌入式设备上，则会出现推理计算速度慢、数据传输速度慢、网络模型占用空间大等问题。

针对上述问题，当前有一些公司研发了深度学习网络模型的部署工具，例如百度公司研发了飞桨(PaddlePaddle)[104]深度学习框架，实现了网络模型的超大规模分布式训练和多端高速推理，与传统的深度学习框架相比，模型的训练和推理计算速度得到提升；Intel 公司研发了 OpenVINO 工具套件[105]，实现了优化网络模型、加速推理计算和多平台部署的功能。

在这类部署工具的应用方面，郭瑞香[106]在 PaddlePaddle 框架中将 YOLO (you only look once) v3 和残差网络(residual neural network, ResNet)融合，使其在红绿灯数据集中取得了较好的效果。冼世平[107]开发了基于 PaddlePaddle 框架 PaddleDetection 模块的输电线路设备缺陷识别系统，并将其应用在实际巡检作业中，取得了较好的应用效果。孙玉梅等[108]设计了基于 PaddlePaddle 框架 PaddleSeg 模块的遥感智能视觉平台，对比了多个语义分割模型的性能，实现了遥感影像的地块分割、变化检测和斜框检测等功能。邵欣桐等[109]提出了基于 OpenVINO 工具的智能轮胎快速检查方法，使用了 AlexNet 模型，对飞机轮胎出现的胎面异常擦伤和胎面点状磨皮等损伤均有较好的检测效果。何钦等[110]提出了基于单激发多框探测器(single shot multibox detector, SSD)目标检测算法的牛个体识别方法，该方法使用 OpenVINO 工具将 SSD 模型部署至 NVIDIA Jetson Nano GPU 运算平台和 Intel 二代神经计算棒上，为大规模畜牧业的养殖监管提出了新的解决方案。Sahu 等[111]提出了基于 MobileNet 目标检测的皮肤黑色素瘤识别方法，该方法使用 OpenVINO 工具将 MobileNet 模型部署在树莓派(Raspberry Pi)上，医生可使用安装树莓派的手持设备检查患者的皮肤，在皮肤癌防治方面起到了重要作用。

上述研究证明，利用深度学习网络模型部署工具，可以将深度学习技术应用在实际生产中。因此，本书使用部署工具将目标检测和语义分割模型部署导出，结合 RV 减速器装配监测软件，最终实现装配监测。

1.3 本书主要内容

针对上述研究现状，本书应用计算机视觉、深度学习等技术，实现装配动作识别、机械装配体多视角变化检测与位姿估计和 RV 减速器装配监测。各章主要内容如下。

第 1 章介绍装配监测的意义。从装配监测、动作识别、图像变化检测、位姿估计和深度学习网络模型部署五个方面分析当前的国内外研究现状及发展趋势，并提出本书的研究思路。

第 2 章介绍本书中涉及的基础理论知识。首先从基本结构、主要模块、训练过程三个方面介绍卷积神经网络的基本原理。然后介绍 Transformer 模型理论基础。最后介绍常用的深度学习网络框架及部署工具。

第 3 章研究基于深度学习的装配动作识别方法。首先提出基于表面肌电信号和惯性信号的装配动作识别方法，制作表面肌电信号和惯性信号的装配动作数据集，构建基于通道注意力时空特征的卷积神经网络并对比分析了三类神经网络模型，实现基于表面肌电信号和惯性信号的装配动作识别。然后提出基于注意力机制和多尺度特征融合动态图卷积网络的装配动作识别方法，制作包含 15 种动作类别的数据集，并在网络中引入注意力模块、多尺度融合模块以及图卷积模块，实验分析网络模型中各个模块的贡献，实现基于图像的装配动作识别。最后提出基于视频帧运动激励聚合和时序差分网络的装配动作识别方法，制作包含堆放物料、拧螺丝、检查记录、锉工件、捡零件、锤重物六类行为的数据集，并在网络中引入运动激励模块、时间聚合模块以及时序差分模块，实现基于视频的装配动作识别。

第 4 章研究基于深度学习的机械装配体多视角变化检测与位姿估计方法。首先提出基于深度图像注意力机制特征提取的装配体多视角变化检测方法，将场景变化检测技术应用于机械装配智能监测，制作二级锥齿轮减速器合成图像多视角变化检测数据集，并在此基础上验证该方法性能，实现机械装配体多视角变化检测。然后提出了基于三维注意力和双边滤波的机械装配体多视角变化检测方法，分别制作了二级锥齿轮减速器的合成深度图像数据集与真实彩色图像数据集，在此基础上验证了所提方法的有效性，实现了变化检测。最后提出基于深度学习的机械装配体零件多视角位姿估计方法，制作机械装配体零件位姿估计数据集，通过对比实验分析该方法性能，实现机械装配姿态监测。

第 5 章研究基于 Transformer 的机械装配体多视角变化检测与装配顺序监测方法。提出基于深度可分离卷积的特征融合和特征细化的机械装配体多视角变化检测方法，将 Transformer 与变化检测网络结合，提高变化检测网络的特征提取能力，使用深度可分离卷积降低网络的参数量，在机械装配体数据集和公共数据集上测试所提方法的性能。提出基于机械装配体图像多视角语义变化检测的装配顺序监测方法，解决小零件目标对象检测性能差以及边缘像素处理不佳等问题，制作三类机械装配体多视角语义变化检测数据集，并在此基础上验证该方法性能，实现机械装配顺序监测。

第 6 章研究基于深度学习的 RV 减速器装配监测与部署方法。首先搭建 RV 减速器装配图像采集试验台，制作三个数据集，并且根据研究的需求对数据集进行预处理。其次针对 RV 减速器装配过程中不同零件的特点，提出基于深度学习的 RV 减速器装配监测方法，分别使用语义分割和目标检测的方法检测装配体中相互遮挡且体积较大的零件和体积较小的螺钉，并使用多个网络在 RV 减速器数据集上进行实验对比。然后提出基于目标检测的针齿安装监测方法，该方法改进了 RetinaNet 模型的特征提取骨干网络、注意力机制、交并比算法和锚框选择算法，对针齿小目标检测的性能得到提升。最后设计开发 RV 减速器装配监测软件，实验证明，该软件可以正确监测装配过程中的各类零件是否存在漏装情况，解决深度学习模型在实际工程应用中部署困难的问题。

第 7 章对本书的研究内容进行总结，并对将来的研究方向进行展望。

第 2 章　卷积神经网络与 Transformer 模型理论基础

卷积神经网络是一种常用于图像处理的深度学习模型，相比传统神经网络，它可以自动学习图像和序列数据特征。Transformer 模型是一种基于自注意力机制的神经网络模型，它允许模型在编码或解码序列时关注序列中不同的位置。本章主要介绍卷积神经网络、Transformer 模型的基础知识及部署工具。

2.1　卷积神经网络

2.1.1　卷积神经网络基本结构

卷积神经网络是深度学习中最重要的一种网络模型，其主要应用在计算机视觉和自然语言处理领域。图 2.1 为卷积神经网络基本框架示意图，网络主要由卷积层、池化层、全连接层三部分组成[112]。其中，卷积层主要提取输入图像中的特征信息，池化层主要降低特征信息的参数量，全连接层主要处理特征信息并输出结果[113]。

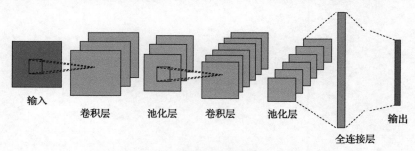

图 2.1　卷积神经网络基本框架示意图

1. 卷积层

卷积层一般由卷积核和激活函数构成，主要负责动态地提取图像中的特征信息。卷积核在输入图像上依次滑动，并与输入图像进行运算，每滑动一次得到一个数据结果，所有数据结果通过激活函数激活后输出为特征图。

卷积层需要设置的超参数主要包括卷积核的尺寸、数量，卷积步长，通道数以及激活函数等。图 2.2 为卷积过程示意图，输入为 4×4 像素的图像，卷积核尺寸设置为 3×3，数量、步长和通道数均设置为 1，输出为 2×2 特征图。

第 2 章　卷积神经网络与 Transformer 模型理论基础

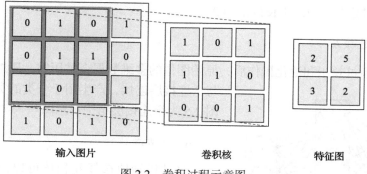

图 2.2　卷积过程示意图

2. 池化层

池化层主要对提取到的图像特征信息进行降维，一方面可以使提取的特征图变小，从而简化计算复杂度[114]；另一方面通过特征压缩提取主要特征信息，增加平移旋转不变性，从而有效减少网络的过拟合风险。池化操作的类型包括最大池化和平均池化，其超参数主要有池化窗口的尺寸和步长。

1) 最大池化操作

最大池化操作通过设定的超参数选取特征图内固定尺寸区域，输出对应区域内的最大值[115]。图 2.3 为最大池化操作示意图，其中窗口尺寸设定为 2×2，步长设定为 2。

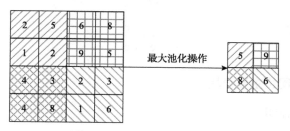

图 2.3　最大池化操作示意图

2) 平均池化操作

平均池化操作输出对应区域内的平均值。图 2.4 为平均池化操作示意图，其中

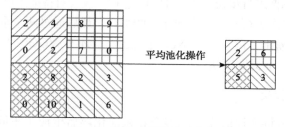

图 2.4　平均池化操作示意图

窗口尺寸设定为 2×2,步长设定为 2。

3. 全连接层

图像经过卷积和池化操作后,原始图像的多维数据会被压缩,压缩后的数据与全连接层连接,产生用于分类的类别数据。图 2.5 为全连接层结构示意图。

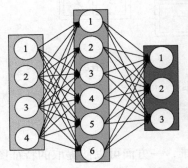

图 2.5　全连接层结构示意图

4. 激活函数

通过巧妙地选择卷积核可以使卷积层有效地模拟大脑视觉皮层的任务,而在卷积之后引入非线性激活函数可提高特征的提取能力。常用的激活函数包含 sigmoid 函数、ReLU 函数和 tanh 函数,分别如式(2.1)、式(2.2)和式(2.3)所示:

$$y = \frac{1}{1+e^{-x}} \tag{2.1}$$

$$y = \begin{cases} x, & x > 0 \\ 0, & x \leqslant 0 \end{cases} \tag{2.2}$$

$$y = \frac{e^x - e^{-x}}{e^x + e^{-x}} \tag{2.3}$$

2.1.2　卷积神经网络主要模块

1. 特征提取模块

特征提取模块是深度学习网络中最为重要的部分,其主要功能是提取输入图像的多种特征,以供后续的分类或回归任务使用,因此特征提取模块也被称为骨干(backbone)网络。AlexNet 是一个经典的特征提取模块,其结构如图 2.6 所示。

首先对输入图像进行步长为 4 的 11×11 卷积,接着对特征图进行步长为 2 的 3×3 最大池化,然后依次进行卷积层和池化层的组合,最后通过两个全连接层和 softmax 归一化函数得到输出。除了 AlexNet 模块之外,还有 VGG[116]、GoogleNet[117]、SqueezeNet[118] 等特征提取模块。

2. 特征融合模块

输入图像经过特征提取模块的多个卷积池化层后生成了不同尺度的特征图,

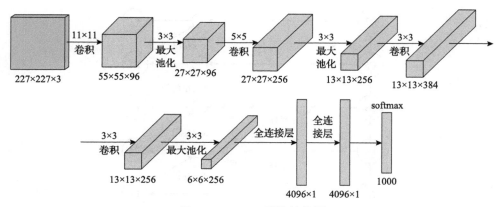

图 2.6 AlexNet 模块结构图

其中浅层的特征图尺度更大，包含了更多位置、细节信息，但噪声较多、语义信息表达能力较差；深层的特征图尺度小，细节信息较少，但拥有更强的语义信息。特征融合模块的作用是融合不同尺度的特征，使特征的种类更丰富，改善网络最终的预测效果。

特征融合模块主要分为单向融合和双向融合等。图 2.7 为单向融合和双向融合模块的结构图。图中，C3～C7 为特征提取模块各层的特征图，在单向融合中，尺度小的特征图自上而下与尺度大的特征图相加融合，得到最后的输出；在双向融合中，尺度小的特征图先自上而下与尺度大的特征图相加融合，尺度大的特征图再自下而上与尺度小的特征图二次相加融合，最终得到输出。除了上述两种特征融合模块外，还有 ASFF[119]、NAS-FPN[120] 和 BiFPN[121] 等更复杂的特征融合模块。

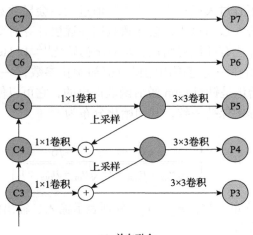

(a) 单向融合

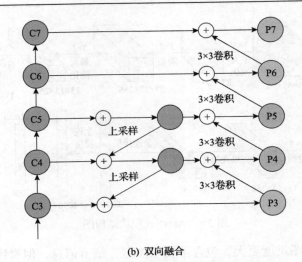

(b) 双向融合

图 2.7 单向融合和双向融合模块的结构图

2.1.3 卷积神经网络训练过程

训练卷积神经网络首先进行参数初始化，接着进行前向传播，将输入图像通过网络中的各层，计算网络的输出，然后进行反向传播，根据损失函数反方向计算网络每一层的梯度，利用梯度下降算法更新参数，完成一次迭代。循环上述过程，最终完成卷积神经网络的训练。

1. 参数初始化

参数初始化时要尽量保证参数的均值为 0，正负交错，正负参数在数量上大致相等，且参数值不宜过大或过小。若参数值过大，会导致数据在逐层计算时变大（即梯度消失）；若参数值过小，会导致数据在逐层计算时变小，失去作用。常见的参数值初始化算法有随机初始化、Xavier 初始化[122]和 He 初始化[123]等。

随机初始化是指在一定范围内随机取值初始化参数，一般取值范围为[-1,1]或[0,1]。Xavier 初始化是针对 tanh 激活函数提出的，它可以使各层的激活值和梯度的方差在传播过程中保持一致，其初始化分布为

$$W \sim U\left[-\frac{\sqrt{6}}{\sqrt{n_{in}+n_{out}+1}}, \frac{\sqrt{6}}{\sqrt{n_{in}+n_{out}+1}}\right] \quad (2.4)$$

式中，W 为初始化分布参数；n_{in}、n_{out} 分别表示输入、输出的维度；$U[a,b]$ 表示区间$[a,b]$上的均匀分布。

He 初始化是针对 ReLU 激活函数提出的，其初始化分布为

$$W \sim U\left[0, \sqrt{\frac{2}{n}}\right] \tag{2.5}$$

2. 损失函数

损失函数用来衡量神经网络的输出值与真实值间的差距，损失函数值越小代表网络的输出结果越准确，鲁棒性越高，因此损失函数起到了引导神经网络训练的作用。神经网络的主要任务分为分类和回归，对于分类任务，常用的损失函数有交叉熵损失函数；对于回归任务，常用的损失函数有 L1 Loss 和 L2 Loss。

3. 梯度下降算法

梯度下降算法用来引导神经网络的参数向更优的方向更新。梯度下降算法主要有随机梯度下降(stochastic gradient descent, SGD)算法[124]、动量梯度下降算法[125]和 Adam 算法[126]等。

2.2 Transformer 模型

2017 年，Vaswani 等[127]最先提出了 Transformer 模型。Transformer 模型起初主要应用于自然语言处理领域，经过不断演变后在计算机视觉领域也取得了优异的效果，这主要得益于模型的自注意力机制。对于不同序列长度信息，自注意力机制能够比循环神经网络(recurrent neural network, RNN)捕捉更长的序列信息。相对于卷积神经网络，Transformer 模型同样能够建立更广的位置信息。

受自然语言处理中 Transformer 模型扩展成功的启发，Dosovitskiy 等[128]尝试将标准 Transformer 模型应用于图像识别中，其中标准的 Transformer 模型输入是一维的标记嵌入。为了处理二维图像，ViT(vision Transformer, 视觉 Transformer)模型将尺寸为 $H \times W \times C$ 的图像重塑为尺寸为 $N \times (P^2C)$ 的二维图形方块，(P,P) 为重塑后的图形方块分辨率，$N=HW/P^2$ 代表图形方块的数量，该参数影响输入序列的长度。Transformer 模型在所有图形层上使用恒定的 D 维特征向量，并使用可训练的线性投影将图形方块映射到 D 维，这时输出称为补丁嵌入(patch embedding)。然后将位置编码向量添加到补丁嵌入中，以在整个模型中传递位置信息，将生成的向量序列输入标准的 Transformer 编码器。为了执行分类任务，Transformer 模型在序列中添加额外可学习的"分类标记"模块进行目标分类。

2.3 深度学习网络框架及部署工具

2.3.1 深度学习网络框架

深度学习网络框架是编写深度学习网络的基础。深度学习网络框架中预先编写了卷积等各类计算操作的相关类和方法以供编程人员使用，起到了降低网络实现难度和提高编写效率的作用。

PyTorch 是 Facebook 开发的深度学习框架，具有支持 GPU 加速的张量计算与方便优化模型的自动微分机制两个核心功能。PyTorch 具有简单易懂、便于调试和强大高效的优点，是目前理论研究中使用最为广泛的深度学习网络框架之一。

PaddlePaddle 是百度自主研发的功能完备、开源开放的深度学习网络框架，具有开发便捷、支持超大规模深度学习模型训练和支持多平台多端高性能推理部署的特点，已在许多行业内得到广泛应用。

除此之外，还有 Keras、TensorFlow、Caffe 等深度学习网络框架。

2.3.2 部署工具

在网络模型训练结束后，可以利用深度学习网络框架的功能函数将网络模型的结构和权值导出，但此时的结构和权值文件较大，这使得网络模型在推理计算时载入速度慢，推理计算慢，一般需要使用高性能的服务器才能实现高效部署计算。而工业环境或移动端这类场景往往无法设置高性能的服务器，若要在这类场景下部署深度学习网络模型，则需要借助一些部署工具实现。常用的深度学习网络模型部署工具有 PaddleX 和 OpenVINO 等。

PaddleX 是基于 PaddlePaddle 实现的全流程深度学习网络模型部署工具，它不但提供了开源的内核代码，可供编程人员灵活使用，同时也提供了可视化客户端，简化训练和部署过程。在 PaddleX 中集成了许多 PaddlePaddle 框架下的各类深度学习网络模型，通过 PaddleX 平台训练这些网络模型后，可直接使用 PaddleX 中的导出功能将模型结构和权值导出，在导出的过程中也可量化模型参数，在适当降低精确率的情况下，减小计算量，提高推理计算速度。在工业环境中使用该模型时，可直接将 PaddleX 库导入程序代码中，使用 PaddleX 中的推理计算功能载入模型，计算预测结果。

OpenVINO 是 Intel 公司推出的一款深度学习网络模型部署工具。OpenVINO 针对 Intel 的各类硬件平台做了计算优化，可通过应用程序编程接口(application programming interface，API)在 CPU、GPU、FPGA 和 Intel 神经计算棒等硬件平台上运算，深度学习计算性能比其他平台高 19 倍以上。OpenVINO 包括模型优化器和推理引擎两部分，模型优化器可将 ONNX、TensorFlow 和 Caffe 等深度学习框架下的网络模型转化为 IR 文件，推理引擎可载入 IR 文件并进行推理计算。

2.4 本章小结

本章介绍了卷积神经网络、Transformer 模型的结构，及其各组成模块的原理，在此基础上介绍了深度学习网络框架及部署工具，为本书开展基于深度学习的装配监测研究奠定了基础。

第3章 基于深度学习的装配动作识别

装配动作识别是手动装配监测、人机协作和装配操作人体工程学分析的基础。当前大规模定制已成为制造业的趋势，在大规模定制产品的装配过程中，产品结构型号变化大，装配操作不规范甚至缺少装配步骤都会对产品质量产生不利影响。因此，为了监测或识别工人装配操作的规范性，本章提出了基于深度学习的装配动作识别方法。

3.1 基于表面肌电信号和惯性信号的装配动作识别方法

为实现工人装配动作的识别，本节将制作装配动作识别数据集，提出一种基于表面肌电(sEMG)信号和惯性信号的装配动作识别方法。该方法采用基于通道注意力时空特征的卷积神经网络(channel attention spatiotemporal features based convolutional neural network, CASF-CNN)模型，提取装配动作的信号特征，进而实现工人装配动作识别。

3.1.1 装配动作识别流程

图 3.1 为本节设计的基于卷积神经网络的装配动作识别方法流程图，主要由装

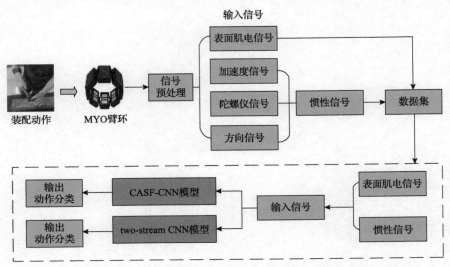

图 3.1 基于卷积神经网络的装配动作识别方法流程图

配动作信号采集、装配动作信号预处理、装配动作模型构建和装配动作识别与评估 4 部分构成。首先，实验人员通过在手臂上佩戴 MYO 臂环来采集拧、抓取、锉、锤、刷、剪 6 种装配动作的表面肌电信号和惯性信号。其次，由于 MYO 臂环采集到的装配动作原始信号存在一些干扰信号，需要进行信号预处理操作来降低干扰信号的影响。最后，针对预处理后的表面肌电信号和惯性信号构建 CASF-CNN 模型和 two-stream CNN 模型，在此基础上不断训练网络模型，优化网络参数，最终完成对 6 种装配动作的识别和分类。

3.1.2 信号采集

MYO 臂环内置采集频率为 50Hz 的 9 轴 IMU 和 8 个采集频率为 200Hz 的表面肌电信号感应模块。MYO 臂环具有低成本、低延迟、佩戴舒适的特点，具有良好的适应性。9 轴 IMU 主要采集装配工人执行装配时所产生的惯性信号，包括方向信号、加速度信号、陀螺仪信号，而且每种信号均包含 3 种通道特征。表面肌电信号感应模块则主要采集工人 8 个通道的表面肌电信号，采集的信号范围为 [−128,127]，这些信号代表各装配动作所对应的肌肉激活水平。

对实验参与者的选择有如下要求：能够熟练运用工具完成装配动作；身体状况良好，无严重疾病；能够正常接受表面肌电信号测试，无不良反应。通过筛选后，本节选择 8 名（男性 6 名，年龄为 22 ± 3 周岁；女性 2 名，年龄为 22 ± 3 周岁）符合条件的参与者，这些参与者的体重指数（BMI）分别为 21.5、21.9、23.4、22.9、20.8、26.5、25.3、24.3。

通过要求参与者持续执行每个动作 5s 来创建标记信号。只有当参与者正确地执行装配动作时，记录人员才开始进行信号记录。通常，在两个装配动作之间给参与者 5s 的休息时间。记录完整的 6 种装配动作被称为 1 个循环，4 个循环形成一组。每位参与者总共执行 3 组，共计 12 个循环。

为防止 MYO 臂环传感器在采集过程中出现信道位置错杂而造成误差，需要在实验者手臂附近的肌肉隆起部位统一佩戴发光二极管（light emitting diode，LED）标志。图 3.2 为 MYO 臂环及佩戴要求示意图。

(a) MYO 臂环　　　　　　　　(b) MYO 臂环佩戴要求

图 3.2　MYO 臂环及佩戴要求示意图

图 3.3 为拧、抓取、锉、锤、刷、剪 6 种装配动作的示意图。

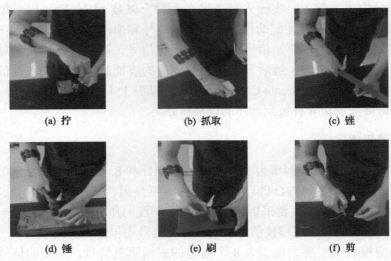

图 3.3　6 种装配动作示意图

3.1.3　信号预处理

1. 表面肌电信号预处理

表面肌电信号是肌肉在收缩时所发出的一种微弱的电信号，其频率通常为 10～500Hz。由于表面肌电信号受运动伪影、浮地噪声、串扰等因素干扰，需要对其进行预处理以减小这些因素的影响。具体处理流程如下：

(1) 使用滑动窗口对 200Hz 的表面肌电信号进行采样，滑动窗口的长度为 256 个时间戳，两步之间的重叠率为 75%。每种装配动作持续时间从几秒到十几秒不等，采样的目的是准备数据样本以进行识别。

(2) 将表面肌电信号输入到 50Hz 滤波器[129]中进行处理，该滤波器能够阻碍 50Hz 左右的信号，从而消除表面肌电信号中本地电源频率引起的干扰。

(3) 采用 30Hz 的零相移高通滤波器[130]消除表面肌电信号中由手动操作产生的噪声。

(4) 采用全波整流的方法将表面肌电信号全部转换为正值，以方便后续的网络模型训练。

(5) 对表面肌电信号进行归一化处理，将表面肌电信号幅值映射到[0,1]范围内，目的是将其变为标量数据，方便信号处理。本节采用两种归一化处理方法，即 min-max 归一化处理和 Z-score 归一化处理：

$$D_{ci} = \frac{E_{ci} - S_{\min}}{S_{\max} - S_{\min}} \tag{3.1}$$

$$Z_{ci} = \frac{E_{ci} - \mu}{\sigma} \tag{3.2}$$

式中，E_{ci} 表示第 i 个传感器上第 c 通道的表面肌电信号；$S_{\min}$ 表示所有通道表面肌电信号的最小值，取为 0；$S_{\max}$ 表示所有通道表面肌电信号的最大值，取为 255；μ 为传感器所有通道获得值的平均值；σ 为其标准差；D_{ci} 表示经过 min-max 归一化处理后的信号；Z_{ci} 表示经过 Z-score 归一化处理后的信号。这两类信号在后续实验中用于分析模型性能。

2. 惯性信号预处理

惯性信号是由 IMU 采集的方向信号、加速度信号和陀螺仪信号的统称。由于惯性信号和表面肌电信号的采样频率和信号类型有一定的差异，需要采用不同的预处理方式。

图 3.4 为惯性信号的预处理流程图。首先将 3 种惯性信号分别通过 30Hz 高通滤波器，消除低频噪声的干扰。然后对其进行全波整流，再使用 25Hz 零相移高

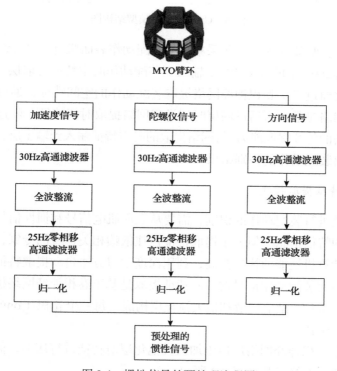

图 3.4 惯性信号的预处理流程图

通滤波器进行滤波处理。最后对 3 种信号进行 min-max 归一化处理。为了消除因通道数量不一致影响模型预测结果的问题，方向信号采用 3 通道的欧拉角，而未使用 4 通道的四元数，即方向信号、加速度信号和陀螺仪信号均为 3 通道的时序信号，因此惯性信号为 9 通道的时序信号。

3.1.4 基于通道注意力时空特征的卷积神经网络

本节提出 CASF-CNN 模型，该模型由数据输入层、时空特征提取层、输出层组成，其结构如图 3.5 所示。

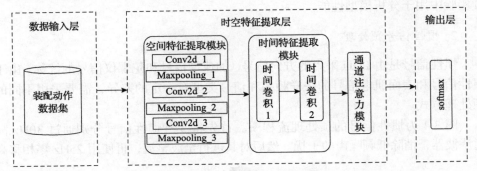

图 3.5　CASF-CNN 模型结构图

实验参与者佩戴 MYO 臂环采集到的装配动作表面肌电信号和惯性信号经过预处理，形成 200×17 的数据矩阵，输入到装配动作时空特征提取层。装配动作时空特征提取层通过三层卷积神经网络提取装配动作的空间特征，通过反向传播算法不断优化网络参数，再通过两层时间卷积网络提取时间特征，经过通道注意力模块强化网络的特征提取能力。将网络提取的时空特征输入到输出层，经过 softmax 激活函数输出装配动作的识别结果。

1. 空间特征提取模块

为了有效进行装配动作的识别，需要从表面肌电信号和惯性信号中提取有利于动作识别的特征信息。但人工提取特征往往依赖相关领域的专家，有较大的局限性。随着计算机性能的快速提高，利用深度学习方法自动提取特征的优势逐渐显现出来。因此装配动作信号的空间特征提取是基于卷积神经网络构建的，其由二维卷积层、ReLU 激活函数和最大池化层构成。每一个卷积(Conv2d)层的网络参数如表 3.1 所示。

在每一个卷积神经网络后边添加最大池化层对特征进行压缩，简化网络复杂度。最大池化层网络参数如表 3.2 所示。

第 3 章 基于深度学习的装配动作识别

表 3.1 Conv2d 层网络参数

层	参数	激活函数
Conv2d_1	Filters:32 Kernel size:[3,1]	ReLU
Conv2d_2	Filters:32 Kernel size:[3,1]	ReLU
Conv2d_3	Filters:32 Kernel size:[3,1]	ReLU

表 3.2 最大池化层网络参数

层	参数
Maxpooling_1	Kernel size:[5,1] Strides:[10,1]
Maxpooling_2	Kernel size:[4,1] Strides:[4,1]
Maxpooling_3	Kernel size:[2,1] Strides:[2,1]

2. 时间特征提取模块

装配动作具有连续性的特点，上一时刻的动作状态对下一时刻的动作有较大的影响。为了提取装配动作信号的时间特征，本节构建了两层时域卷积网络（temporal convolutional network，TCN）[131]，作为时间特征提取模块。

时间特征提取模块的结构如图 3.6 所示。该模块采用因果卷积和扩展卷积相结合的残差模型，各残差模块采用两个因果空洞卷积，对卷积核权值进行规范化，利用 ReLU 激活函数功能来提高层与层间的非线性，并通过加入 Dropout 层来降低过度拟合。

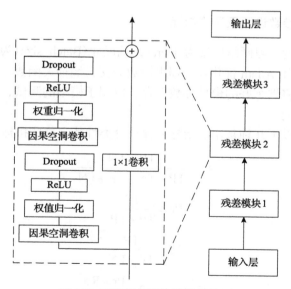

图 3.6 时间特征提取模块结构图

3. 通道注意力模块

由 MYO 臂环采集的表面肌电信号是多通道的，不同通道信号对特定动作的贡献是不相同的。应该优先选择包含丰富装配动作信息，即装配动作变化较明显的通道来实现识别。因此本节添加通道注意力模块 SE Block(squeeze-excitation block，挤压-激励模块)[132]来学习自动获取每个通道的重要性。根据此重要性来增大有用通道信息所占的比重，并抑制对当前任务不太有用的通道信息。图 3.7 展示了通道注意力模块的结构。

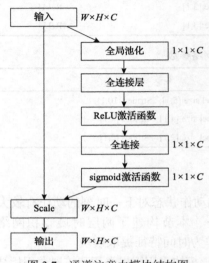

图 3.7 通道注意力模块结构图

全局池化中，首先是 squeeze(挤压)操作，通过全局池化操作沿空间维度将输入数据的特征维度由 $[W,H,C]$ 压缩为 $[1,1,C]$ (C 为通道数)。其次是 excitation(激励)操作，通过引入可学习参数 W 来为每个特征通道生成对应的权值，并通过 Loss 函数对权值归一化，完成特征通道间相关性的建模。最后是 Scale(缩放)操作，使输入数据和输出数据的维数一致，将输出权值看成经过选择后的每个特征通道的重要性，实现通道维度上对原始特征重要性的重标定。

3.1.5 实验环境参数设置及评价指标

本实验中深度学习网络框架为 Keras，批尺寸(Batch_size)为 128，迭代次数为 50。优化器选用 Adam 优化器，损失函数为交叉熵损失函数。训练过程中不断优化网络参数，将训练好的模型参数保存，以用于模型的测试，并评判模型对装配动作的识别性能。

本实验采用以下几种常用的指标来评估分类性能，这些指标如下：

$$Ac = \frac{TP + TN}{TP + TN + FP + FN} \tag{3.3}$$

$$Pr = \frac{TP}{TP + FP} \tag{3.4}$$

$$Re = \frac{TP}{TP + FN} \tag{3.5}$$

$$F_1\text{-score} = 2 \times \frac{Pr \times Re}{Pr + Re} \tag{3.6}$$

式中，Ac 表示准确率；Pr 表示精确率；Re 表示召回率；F_1-score 表示平衡 F 分数；TP 表示正样本被正确检测的数量；FN 表示正样本被漏检的数量；TN 表示负样本被正确检测的数量；FP 表示负样本被误检的数量。

3.1.6 模型实验验证

1. 信号预处理方式分析

首先分析信号预处理方式对于网络模型性能的影响。数据集划分为 3 种类型：未经过预处理的信号、经过预处理且使用 min-max 归一化后的信号（记为 A 类信号）、经过预处理且使用 Z-score 归一化后的信号（记为 B 类信号）。为了保证实验的严谨性，使用相同的训练次数、学习率和批尺寸。分析不同预处理方式的 3 类信号在 CASF-CNN 模型上的各项指标，结果如表 3.3 所示。

表 3.3　3 类信号在 CASF-CNN 模型上的各项指标　　　（单位：%）

信号类型	准确率	精确率	召回率
未经过预处理的信号	94.70	94.10	94.50
A 类信号	95.80	95.30	95.90
B 类信号	96.10	96.10	96.10

信号应用于 CASF-CNN 模型的测试结果有明显的差异。结果表明，未经过预处理的信号表现最差，准确率、精确率和召回率分别为 94.70%、94.10% 和 94.50%。而 B 类信号在模型上的性能最优，三种评价指标均可以达到 96.10%。相比于未经预处理的信号和 A 类信号在准确率、精确率和召回率上均有提升。由此可见信号预处理和 Z-score 归一化方式对提升模型的性能有一定的效果。

2. 消融实验

为了研究网络模型中各个模块的贡献，在自建数据集上进行模块的消融实验。其中，BAS 为原始的 CNN 模型；BAS+TCN 为在 CNN 模型基础上添加时间特征提取模块；BAS+ATT 为在 CNN 模型基础上添加通道注意力模块；CASF-CNN 为本节设计的网络模型。图 3.8 展示了消融实验结果。其中 BAS 模型在准确率、精确率和召回率评价指标下性能表现最差，各项指标分别为 80.4%、82.6% 和 81.4%。而在 BAS 模型基础上添加通道注意力模块和时间特征提取模块能够不同程度地提高网络性能。相比 BAS 模型，BAS+TCN 模型的准确率、精确率和召回率分别提高 14.3 个百分点、11.0 个百分点和 13.2 个百分点。而 CASF-CNN 模型表现最好，所有指标均能够达到 96.1%。实验结果表明本节添加的不同模块有助于提升模型的性能。

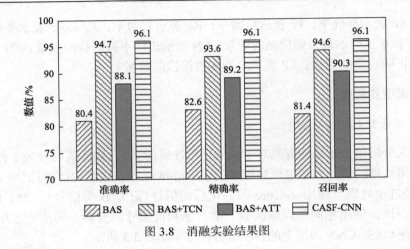

图 3.8 消融实验结果图

3. 网络模型不同指标对比

为了验证 CASF-CNN 模型的可行性，本节还构建了 3 类神经网络（传统卷积神经网络（传统 CNN）、长短时记忆（long short-term memory，LSTM）网络和双流卷积神经网络（two-stream CNN））模型进行实验，与 CASF-CNN 模型进行对比。传统卷积网络模型由三层卷积核尺寸为 3×3 的卷积网络层、批处理归一化层以及 ReLU 激活函数构成，经过卷积层提取到的特征通过全连接层输出动作识别结果。而长短时记忆模型首先通过三层激活函数为 ReLU 的神经元进行特征提取，然后将输出特征进行展开，最后通过全连接层输出动作识别结果。双流卷积神经网络[52]主要用于视频动作识别领域。该模型由空间流和时间流两个分支组成，空间流用于从静态帧中识别空间信息特征，而时间流通过堆叠连续的光流帧提取时间特征，最后将两种类型的数据特征进行融合，从而完成动作的识别。

借鉴这种思想，本节分别将表面肌电信号和惯性信号作为两种输入信号，搭建了 two-stream CNN 模型。首先，将表面肌电信号和惯性信号分别通过卷积操作得到对应的特征值，之后进行批处理归一化操作，在提升网络收敛速度的同时防止过拟合发生。然后，通过 ReLU 激活函数以增强网络的线性处理能力，并引入平均池化操作以降低网络的计算量，引入通道注意力以增强有用通道信息所占的比重。最后，引入卷积层对其进行降维，并通过全连接层输出装配动作识别结果。3 类神经网络模型结构对比如图 3.9 所示。

为了验证 CASF-CNN 模型在装配动作识别任务中的优势，CASF-CNN 模型与传统 CNN 模型、LSTM 模型和 two-stream CNN 模型均采用相同的数据集、迭代次数、优化器、批尺寸。上述 4 种神经网络模型的准确率对比如图 3.10 所示。随着迭代次数的增加，各模型的准确率均不断提升，并在 10 次迭代后逐渐收敛。

CASF-CNN 模型和 two-stream CNN 模型的准确率均在 90%以上，其中 CASF-CNN 模型的准确率最高，且波动变化较平稳。传统 CNN 模型和 LSTM 模型的准确率相

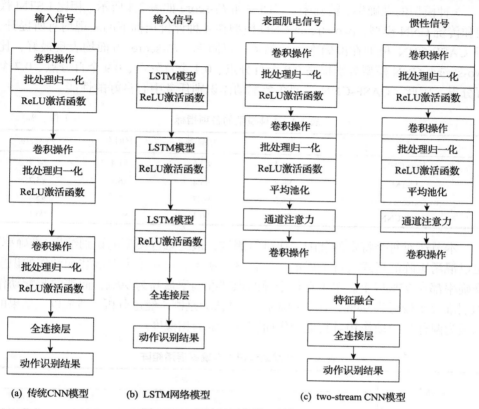

图 3.9 3 类神经网络模型结构对比图

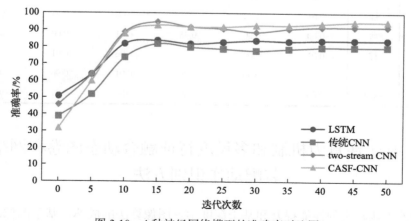

图 3.10 4 种神经网络模型的准确率对比图

对较低。与传统 CNN 模型和 LSTM 模型相比，CASF-CNN 模型充分学习了数据的空间特征和时间特征，时空特征的融合更有利于装配动作的识别。

4 种模型的准确率、精确率、召回率和 F_1-score 如表 3.4 所示。相比 LSTM 模型和传统 CNN 模型，two-stream CNN 模型在 4 种评价指标下的表现均有所提升。而 CASF-CNN 模型在准确率、精确率、召回率、F_1-score 方面均表现最好，比 two-stream CNN 模型分别提高 0.8 个百分点、0.4 个百分点、0.9 个百分点、0.7 个百分点。因此，CASF-CNN 模型在装配动作识别任务中有良好的性能。

表 3.4　4 种模型的各项指标　　　　　　　　　（单位：%）

模型	准确率	精确率	召回率	F_1-score
传统 CNN	82.4	82.6	81.4	81.9
LSTM	86.8	85.4	86.1	85.7
two-stream CNN	95.3	95.7	95.2	95.4
CASF-CNN	96.1	96.1	96.1	96.1

本节还对每个特定的装配动作进行测试，最终融合模型的识别结果（准确率）也以混淆矩阵的形式进行了展示，如表 3.5 所示。可见绝大多数装配动作的识别准确率都在 95%以上。单个动作中锤的识别准确率最高为 99%，而锉的装配动作识别准确率较低为 94%，其中 4%的动作被认为是刷。经过分析，造成以上结果的原因为两种装配动作相对其他动作而言有一定的相似度。

表 3.5　装配动作识别准确率混淆矩阵

准确率		预测类					
		锤	锉	剪	拧	刷	抓取
真实类	锤	0.99	0.01	0.00	0.00	0.00	0.00
	锉	0.01	0.94	0.01	0.00	0.04	0.00
	剪	0.00	0.00	0.95	0.01	0.00	0.04
	拧	0.01	0.00	0.00	0.96	0.01	0.02
	刷	0.03	0.00	0.00	0.01	0.96	0.00
	抓取	0.00	0.01	0.00	0.01	0.01	0.97

3.2　基于注意力机制和多尺度特征融合动态图卷积网络的装配动作识别方法

随着工业相机的性能提升和基于深度学习图像算法的成熟，基于图像的装配动作识别方法在装配监测领域的应用已经变得越来越广泛。以往基于图像的装配动作识别技术忽略了图像对象中类别之间的关系，特别是人体动作与装配工具之间的潜在关系。为了解决以上问题，本节采用图像数据作为模型输入，提出并搭建基于注意力机制和多尺度特征融合的动态图卷积网络的车间工人装配动作识别模型。

3.2.1 基于注意力机制和多尺度特征融合的动态图卷积网络

本节提出了一种基于注意力机制和多尺度特征融合动态图卷积网络(attention mechanism and multi-scale feature fusion dynamic graph convolutional network, AMF-DGCN)的装配动作识别方法，其总体结构如图 3.11 所示。该模型主要由图像特征提取和类别关系判别两部分组成。图像特征提取部分选取残差网络 ResNet101[133]作为网络特征提取的骨干网络，主要由 4 个残差层组成。采用注意力机制和多尺度特征融合的特征提取方法，在每个残差层之间添加空间注意力模块和通道注意力模块，在通道和空间维度上提取特征，并进行注意力加权，加权后的特征作为下一残差层的输入。同时为降低由于网络层数过深而导致的信息丢失，增强网络提取多尺度图像特征的能力，采用不同膨胀率的膨胀卷积来获取不同尺度大小的特征信息，由于卷积的膨胀率不同，提取的局部感受野也不同，因此可以使网络具备多尺度的性质。将前三个残差层提取的特征分别与经过不同

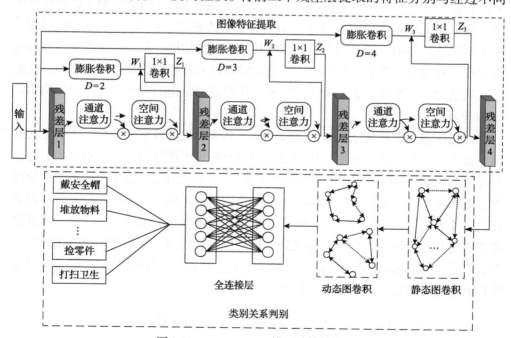

图 3.11 AMF-DGCN 模型总体结构图

膨胀率的膨胀卷积获取到的不同尺度大小的特征信息进行特征融合，以提取图像中的动作特征和不同尺度大小的目标工具特征。

在类别关系判别部分，将图像特征提取部分获得的人体动作特征和装配工具特征作为静态和动态图卷积的输入。静态图卷积通过随机梯度下降法初始化邻接矩阵，由于其对所有训练图像共享参数，可以捕获全局的类别依赖关系；动态图卷积邻接矩阵对于每个图像都是不同的，使得模型的表达能力得到提高，从而降低了静态图卷积容易造成过拟合的风险。通过静态图卷积和动态图卷积联合训练，可实现图像中不同装配动作与装配工具之间潜在关系的自适应捕捉，进而实现装配动作识别。

AMF-DGCN 模型的具体功能模块如下。

1. 注意力模块

装配动作识别的本质在于识别车间工人的动作和装配工具。但是装配工具往往在图像中像素占比较小，容易受车间中的物品（工作台、机床）等外部环境因素的干扰，从而造成网络模型不能准确捕捉图像中装配工具的特征信息，进而对装配动作的识别造成一定的影响。另外，将图像经过多层卷积操作后会得到多个通道的特征矩阵，但并不是所有通道都有相同重要的信息。因此，为了进行特征优化，需要对无用的通道进行过滤。本节将空间注意力模块和通道注意力模块[134]引入到网络模型中，通过对不同的特征和通道进行加权处理，度量各通道间的重要程度。将空间注意力模块和通道注意力模块嵌入到相邻的残差网络之间，使网络在通道和空间维度上更加关注对装配动作识别更有用的特征，从而提升网络的识别能力。

通道注意力模块的结构如图 3.12 所示，其能够提高特征通道中有用信息的权值，并对无效信息进行抑制，使网络模型更加聚焦于图像中具有判别力的通道。首先分别对输入维度为 $W \times H \times C$ 的特征 F 进行全局最大池化和全局平均池化操作，得到两个维度为 $1 \times 1 \times C$ 的通道描述，采用两种不同的池化操作意味着可以获得更加丰富的高层次特征。之后将两个维度的通道描述分别输入一个两层可共享参数的卷积神经网络，以对通道之间的相关性进行建模。最后将两个输出特征相加，并通过 sigmoid 激活函数得到新的注意力权值 M_c。通过权值 M_c 和输入特征 F 可以获得通道维度重新校准的特征 F_1：

$$F_1 = M_c(F) = \sigma(\text{Conv}(\text{AvgPool}(F)) + \text{Conv}(\text{MaxPool}(F))) \tag{3.7}$$

式中，σ 为 sigmoid 激活函数；Conv() 为两层卷积神经网络。

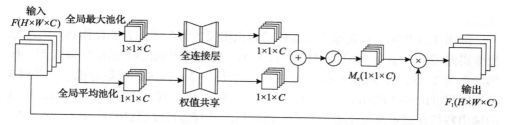

图 3.12 通道注意力模块结构图

空间注意力模块的结构如图 3.13 所示,它在空间维度对同一通道上不同位置的像素进行特征筛选,对有用位置的特征进行加权,从而增强特征图中显著实例的空间位置。空间注意力模块以通道注意力模块产生的注意力特征 F_1 作为输入特征,依次经过最大池化和平均池化操作得到两个特征图,之后将两特征图在通道维度上进行拼接,经过激活函数为 sigmoid 的 7×7 卷积进行特征学习,进而得到最终的空间位置权值 M。特征 F_1 与权值 M 可以得到新的注意力特征 F_2:

$$F_2 = M(F_1) = \sigma\left(\text{Conv}^{7\times7}\left(\text{AvgPool}(F_1), \text{MaxPool}(F_1)\right)\right) \quad (3.8)$$

式中,$\text{Conv}^{7\times7}$ 表示卷积核尺寸为 7×7 的卷积运算。

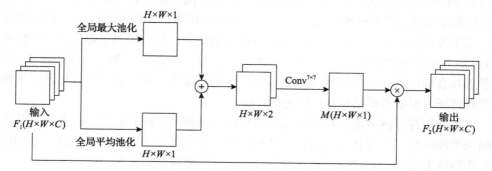

图 3.13 空间注意力模块结构图

2. 多尺度特征融合模块

图像中不同装配工具的大小不一致,这给装配动作识别带来了较大影响。卷积神经网络若采用相同尺寸的卷积核来提取图像特征,则只能提取图像中的局部信息,网络模型的感受野受到了一定的限制,无法捕获丰富的语义信息,不利于识别复杂场景中的特定信息。为了提高模型的感受野,通常要采用池化等降采样运算,但是这样会使图像的空间分辨率下降。为了提高装配工具的识别精度,本节设计了多尺度特征融合方法,在图像特征提取模块使用膨胀率不同的膨胀卷积来增大感受野,提高网络的多尺度特征提取能力,进一步增强网络模型的识别性能。

如图 3.11 所示，首先输入图像经过卷积核尺寸为 7×7 的卷积操作和最大池化操作得到维度大小为 64×112×112 的特征 M。接着将得到的特征图 M 输入到三种膨胀率为 2、3、4，填充大小为 2、3、4，步长为 2、4、8 的膨胀卷积中，得到 3 种不同尺度的特征图 W_1、W_2、W_3。之后将 W_1、W_2、W_3 分别与残差层 1、2、3 的输出特征在通道维度上进行融合，得到新的具有多尺度信息的特征 Z_1、Z_2、Z_3。最后引入卷积核尺寸为 1×1 的卷积在通道维度上对 Z_1、Z_2、Z_3 进行降维处理，并将其分别输入到下一阶段的残差层中，从而提取多尺度信息。

3. 图卷积模块

在装配动作识别任务中，动作类型的判断不仅与人的动作姿态有关，而且还与使用的装配工具有关联，例如锉这道工序使用的是锉刀而不是其他工具，仅仅根据动作姿态来进行动作识别往往造成偏差。

因此，如何有效地捕捉装配动作和装配工具之间的关系是装配动作识别的关键之一。传统的卷积神经网络主要用于处理图像等具有空间结构的数据，难以处理装配动作识别中人体姿态与装配工具间的潜在关系等不规则的非欧空间数据，而基于图的学习方法在处理不规则的非欧空间数据方面具有一定的优势。在计算机数据结构中，图是一种表达标签依赖关系的常用方法。对于图 $G=(V,E)$，V 表示图中节点的集合，而 E 表示连接节点的边的集合，每个节点 i 都有自己的特征 X_i，所有特征可以用矩阵 $X_{N\times D}$ 表示，N 为节点数，D 为特征维度。同时图中每个节点具有结构特征，即节点与节点间存在一定的联系。总的来说图数据既要考虑节点特征，也要考虑结构特征即边的特征。

图卷积神经网络能够自动学习图结构的节点特征，同时还能学习节点与节点间的关联信息。本节将人体动作特征和装配工具特征作为图的节点信息，利用图卷积网络来挖掘两者之间的潜在关系，以提高网络模型的识别精度。

目前常用的方法是利用标签之间的共现频率建立图结构，并通过图卷积网络来学习类别之间的关系。Chen 等[49]基于标签之间的共现关系，构建了静态图卷积以指导图像特征提取网络进行多标签识别，然而这种方法以静态的方式构建相关矩阵，不能充分地利用每个输入图像的内容。为了解决这一问题，Ye 等[50]提出用动态图卷积的方法为每个图像动态生成特定的图结构，该方法不用提前设置静态邻接矩阵，而是根据特定的图片自动生成邻接矩阵，在一定程度上解决了过分依赖标签共现关系的问题，提高了网络模型的泛化能力。本节使用静态和动态图卷积网络联合训练的方式，设计了适用于装配动作识别的动态图卷积网络架构，对图像中装配工具和动作之间的潜在关系进行建模。

动态图卷积网络结构如图 3.14 所示，其由静态图和动态图两部分构成，模型将特征提取模块输出的特征 F_2 作为输入节点特征 V，并传递给静态图卷积和动态图卷积。首先静态图卷积通过随机梯度下降法来初始化邻接矩阵 A 和静态图权值矩阵 W，得到更新后的节点特征 H，可表示为 $H = \text{ReLU}(AVW)$，其中 $H = [H_1, H_2, \cdots, H_n] \in \mathbf{R}^{C \times D_1}$，静态邻接矩阵 A 在所有图像上是参数共享的，能够在一定程度上捕获全局类别依赖关系。之后对 H 依次进行全局平均池化、正则化以及一层卷积操作等变换，得到全局特征表示 $H_g \in \mathbf{R}^{D_1}$。继而通过跳跃连接将 H 与 H_g 进行连接得到 H'，通过 H' 自适应地估计动态图的邻接矩阵 A_d。与静态图卷积不同，静态图的邻接矩阵是固定不变的，且在训练过程中对所有输入图像都是共享的，而动态图的邻接矩阵 A 是根据输入图像动态改变的，不同的输入图像有不同的 A_d，提高了模型的表达能力，一定程度上降低了静态图所带来的过拟合风险。最后经过静态图卷积和动态图卷积联合训练得到最终的输出 Z：

$$Z = f(A_d H W_d) \tag{3.9}$$

式中，f 表示 LeakyReLU 激活函数；W_d 表示权值矩阵。

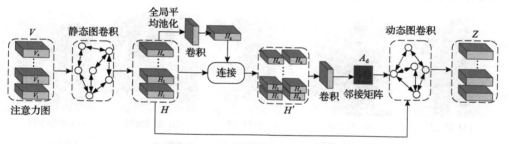

图 3.14 动态图卷积网络结构图

3.2.2 数据集的制作

为了验证本节提出的 AMF-DGCN 模型的有效性，对生产装配动作进行模拟和数据采集，制作了生产行为数据集(assembly behavior data set, ABDS)。将车间工人生产行为分为准备动作、生产装配动作、违规动作、其他动作 4 类，如图 3.15 所示。

准备动作是在车间工人进入生产制造车间之前需要完成的前期准备工作，尤其是在一些生产环境要求较为严格的车间，前期准备工作尤为重要。选取穿工装、戴工帽、打扫卫生 3 种动作作为前期准备动作。生产装配动作往往涉及物料的堆放和搬运，在生产过程中还会涉及对工件的加工，包括锤重物和锉工件，同时捡零件也较为常见，工件装配完成后往往会进行最后的检查。违规动作会对生产过程产生一定的影响，因此及时发现这类动作对于生产有一定的积极作用。常见的

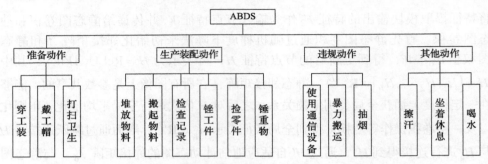

图 3.15 生产行为分类图

违规动作主要有违规使用通信设备、暴力搬运、抽烟。其他动作包含擦汗、坐着休息、喝水等车间中常见且不违规的动作。

本实验通过 RealSense 相机来拍摄制作数据集。实验参与者总共有 6 位，平均年龄约 25 周岁。每位参与者完成 15 组生产动作，每组生产动作重复 3 次。每组生产动作类别图像由 320 张图像构成，总共 4800 张图像，最终形成 ABDS。部分数据集样例如图 3.16 所示。

图 3.16 部分 ABDS 样例示意图

3.2.3 实验结果与分析

本节将介绍用于对比实验的其他网络模型，以及各网络模型的参数设置和评价指标等，并在 ABDS 上验证 AMF-DGCN 模型在装配动作识别任务上的有效性。

1. 用于对比实验的其他网络模型

1) ResNet101 模型

深度神经网络能够自动提取图像的边缘、纹理、形状等特征，并且可以通过增加网络的深度来学习更高级的特征，但是传统的深度学习模型存在最大深度，如果过深则会导致梯度消失，从而使得模型难以优化。

He 等[133]提出了 ResNet 模型，其核心思想是引入残差模块，解决了网络因过深而导致学习能力下降的问题。ResNet101 模型则是在此基础上通过叠加多层残差模块形成，包括 2 层基础卷积层（卷积层和最大池化层）和 4 组卷积模块，每个卷积模块分别由 9、96、9、9 层卷积层构成。

2) SE-ResNet101 模型

SE-ResNet101 模型是在 ResNet 模型的基础上引入通道注意力模块，该模块是 Hu 等[132]设计的一个以通道注意机制为基础的组件，能够自动地学习各个通道的重要程度，增强有用通道信息所占的比重，并抑制对当前任务不太有用的通道信息。

3) ML-GCN 模型

多标签图像识别能够对一幅图像中的多个目标进行识别。由于一幅图像包括多个物体，在多个物体上建立标签依赖性可以改善图像的识别效果。为了让模型学会并捕获这些关键的相关性，ML-GCN[49]模型为图像上的对象构建了一个静态有向图结构，使用标签名词嵌入的方式描述图像的各节点，使用图卷积网络把标签图像块映射到相互依赖的对象分类器上。对象分类器能够处理由图像特征信息提取网络所提供的图形特征描述符，从而使得整个网络能够实现端到端的特征学习。另外，为让图卷积节点之间的特征信息相互传递，该模型还提供了一个标签相关矩阵以实现分类器的标签依赖机制。

4) ADD-GCN 模型

ADD-GCN[50]模型是一种能够为每一幅图像产生特殊图结构的注意力动态图卷积网络。具体而言，它将卷积特征图通过语义关注模块划分成不同的内容感知类型。在此基础上，将这些类型表示输入到动态图卷积分块，利用静态图和动态图进行特征的传递。静态图主要捕获训练数据集的粗略标签依赖关系，并学习浅层的语义关系，而动态图则可以捕获更高层次的特征信息从而生成判别向量，并用于最终的分类。

2. 实验参数设置

实验环境如下：CPU 为 Intel Xeon E5-2630，显卡为 NVIDIA TITAN Xp（4 张），Ubuntu 18.04.4 LTS 操作系统，采用 PyTorch 深度学习框架。随机选取数据集的 80% 作为训练集，20% 作为测试集。使用数据增强的方法来降低过拟合的风险。随机剪裁到尺寸大小为 448×448 像素，随机水平翻转。同时采用 ReLU 激活函数。批尺寸为 30，训练 200 个 Epoch（轮次），前 30 个 Epoch 学习率不变，之后以 0.1 每 30 个 Epoch 的衰减率更新学习率。采用随机梯度下降（SGD）算法作为优化器，动量为 0.9，权值衰减系数为 10^{-4}。

3. 评价指标

为了评估装配动作识别模型的识别能力，本实验以总体召回率（OR）、总体精确率（OP）、总体 F_1-score（OF_1）以及每类精确率（CP）、每类召回率（CR）、每类 F_1-score（CF_1）作为评价指标[135]。计算方式为

$$OR = \frac{\sum_i N_i^c}{\sum_i N_i^g} \tag{3.10}$$

$$OP = \frac{\sum_i N_i^c}{\sum_i N_i^p} \tag{3.11}$$

$$OF_1 = \frac{2 \times OP \times OR}{OP + OR} \tag{3.12}$$

$$CP = \frac{1}{C} \sum_i \frac{N_i^c}{N_i^p} \tag{3.13}$$

$$CR = \frac{1}{C} \sum_i \frac{N_i^c}{N_i^g} \tag{3.14}$$

$$CF_1 = \frac{2 \times CP \times CR}{CP + CR} \tag{3.15}$$

式中，C 为标签数量；N_i^c 为第 i 个标签被正确预测的图片数量；N_i^p 为被预测成第 i 个标签的图片数量；N_i^g 为第 i 个标签的真实图片数量。

4. 消融实验

为了验证 AMF-DGCN 模型中各个模块的贡献，本节在 ABDS 上进行不同指标下模块的消融实验，结果如图 3.17 所示。其中，RSN 即原始的 ResNet101 模型；RSN+CBAM 为在 ResNet101 模型基础上添加通道和空间注意力模块(convolutional block attention module, CBAM)；RSN+CBAM+MSF 为在 RSN+CBAM 模型基础上添加多尺度特征融合模块(multi-scale feature fusion module, MSF)。实验表明，ResNet101 模型的 CR、CP、CF_1 评价指标表现最差；在 ResNet101 模型基础上添加通道和空间注意力能够不同程度地提高网络性能，其 CR 和 CF_1 指标较 ResNet101 模型有一定提高；在基于注意力机制的 ResNet101 模型上添加多尺度特征融合模块，其 CR 指标较 ResNet101 和 RSN+CBAM 模型有明显提高；AMF-DGCN 模型的 CR、CP、OP、CF_1 指标表现最好。因此，本节设计的不同模块有助于提升模型的性能。

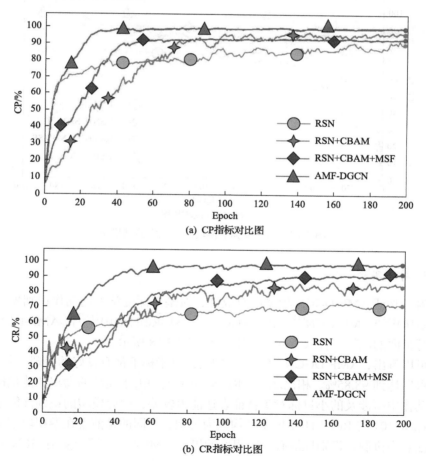

(a) CP指标对比图

(b) CR指标对比图

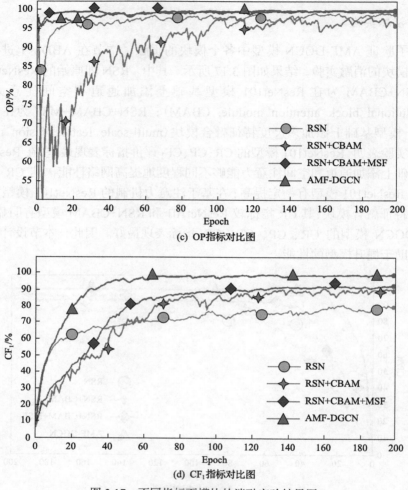

图 3.17 不同指标下模块的消融实验结果图

5. 对比实验

为了验证 AMF-DGCN 模型的有效性，对基于深度学习的动作识别模型包括 ResNet101[133]、ML-GCN[49]、ADD-GCN[50]、SE-ResNet101[132]和 AMF-DGCN 模型进行全面的比较。各项指标的对比结果如图 3.18 所示。

可以看出，AMF-DGCN 模型在不同的评价指标下都有良好的表现，尤其 OR 指标可以达到 98.85%。相比之下，ResNet101 模型由于连续的卷积和池化操作对装配动作中所涉及的小目标对象特征表达能力较差，因此模型的识别性能最低。SE-ResNet101 与 ResNet101 模型结构较为类似，不同的是前者在卷积块中添加了通道注意力机制，识别性能有一定程度的提高。ML-GCN 模型使用 GCN 将标签

第 3 章 基于深度学习的装配动作识别

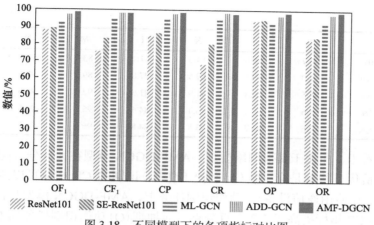

图 3.18 不同模型下的各项指标对比图

之间的潜在依赖关系映射到图像特征分类器上，以提高模型的识别性能，因此识别效果相对于 ResNet 模型有所提高，其 OF_1、CF_1、CP、CR、OP、OR 指标分别达到 93.16%、94.67%、95.07%、94.27%、93.07%、93.26%。与 ML-GCN 模型采用静态图卷积来对标签之间的关系进行建模、ADD-GCN 模型采用动态图卷积来对标签之间的关系进行建模相比，AMF-DGCN 模型能够根据图像特征自动生成与修正图卷积中的邻接矩阵，其 OF_1、CF_1 指标分别能够达到 98.62%、98.08%。AMF-DGCN 模型根据装配动作数据集小目标对象多且背景较复杂的特性，在 ResNet101 模型基础上添加通道和空间注意力机制以及多尺度特征融合模块一定程度上缓解了以上问题，同时采用 ADD-GCN 模型中的动态图卷积模块，自适应地捕捉图像中目标对象之间的类别关系，进一步增强了网络的识别性能，除了 CR 指标略低于 ADD-GCN 模型，OF_1、CP、OP、OR 指标较 ADD-GCN 模型均有提高。

本节还针对每一类装配动作将 AMF-DGCN 模型与其他动作识别模型进行 CP 指标对比实验，结果如表 3.6 所示。表中，A~O 分别为穿工装(A)、戴工帽(B)、打扫卫生(C)、堆放物料(D)、搬起物料(E)、检查记录(F)、锉工件(G)、捡零件(H)、锤重物(I)、使用通信设备(J)、暴力搬运(K)、喝水(L)、擦汗(M)、坐着休息(N)、抽烟(O)十五种车间常见动作。

表 3.6 AMF-DGCN 模型与其他动作识别模型的 CP 指标对比　　　（单位：%）

模型	A	B	C	D	E	F	G	H
ResNet101	94.2	96.4	82.1	64.2	70.0	92.4	91.7	84.2
SE-ResNet101	97.8	95.6	89.4	74.8	77.0	96.4	96.4	89.6
ML-GCN	98.0	96.2	92.4	76.5	87.7	97.3	97.5	93.8
ADD-GCN	96.3	98.2	94.9	80.9	85.3	97.7	98.2	95.9
AMF-DGCN	99.0	98.1	95.4	81.1	85.4	97.8	98.5	96.7

续表

模型	I	J	K	L	M	N	O
ResNet101	93.7	78.6	84.0	61.4	83.6	96.7	61.2
SE-ResNet101	98.0	89.1	89.5	77.8	89.2	97.6	72.2
ML-GCN	98.5	89.3	91.9	81.6	92.0	98.6	75.2
ADD-GCN	98.6	92.5	93.4	84.6	95.1	99.5	78.8
AMF-DGCN	97.6	94.7	93.8	84.8	96.0	98.2	79.6

可以看出，相比于其他网络模型，AMF-DGCN 模型在大部分装配动作识别上精确率最优，特别是穿工装(A)和锉工件(G)识别的 CP 指标可以达到 99.0% 和 98.5%。在使用通信设备(J)动作识别任务上，AMF-DGCN 模型相比于 ADD-GCN 模型 CP 指标提高了 2.2 个百分点。而抽烟(O)动作识别任务的 CP 指标最低，仅为 79.6%，原因可能是香烟在整个图像中所占比例较小，识别难度较大，从而造成识别的偏差。总体可见，AMF-DGCN 模型在大多数装配动作识别精确率上都有不同程度的提高，具有较为理想的识别性能。

根据 AMF-DGCN 模型在测试集的 CP 指标，绘制装配动作识别的混淆矩阵，如表 3.7 所示。可以看出 AMF-DGCN 模型在大部分装配动作识别上取得了良好的表现。部分动作的 CP 指标较低，如喝水(L)和抽烟(O)，这两类动作均涉及

表 3.7 装配动作识别 CP 指标混淆矩阵

	CP	A	B	C	D	E	F	G	H	I	J	K	L	M	N	O
真实类	A	0.990	0	0	0	0	0	0	0	0	0	0	0	0.010	0	0
	B	0.004	0.981	0	0	0	0	0	0	0	0	0.015	0	0	0	0
	C	0	0	0.954	0	0	0.013	0	0.021	0	0	0.012	0	0	0	0
	D	0	0	0	0.811	0.152	0	0	0	0	0	0.037	0	0	0	0
	E	0	0	0	0.146	0.854	0	0	0	0	0	0	0	0	0	0
	F	0	0	0	0	0	0.978	0	0	0.021	0	0	0	0	0	0
	G	0	0	0	0	0	0	0.985	0.150	0	0	0	0	0	0	0
	H	0	0	0	0	0	0	0.031	0.967	0	0	0.002	0	0	0	0
	I	0	0	0	0	0	0	0.002	0.022	0.976	0	0	0	0	0	0
	J	0	0	0	0	0	0	0	0	0	0.947	0	0.063	0	0	0
	K	0	0	0	0.017	0.044	0	0	0	0	0	0.938	0	0	0	0
	L	0	0.007	0	0	0	0	0	0	0	0.127	0	0.848	0	0	0.018
	M	0	0.003	0	0	0	0	0	0	0	0	0	0.037	0.960	0	0
	N	0	0	0	0	0	0	0	0	0	0	0	0	0.018	0.982	0
	O	0	0	0	0	0	0	0	0	0	0.194	0	0.010	0.796		

手臂运动且相似度较大,差异主要在于所持物品不同,而香烟和水杯在图像中所占比例较小,识别难度较大。

3.3 基于视频帧运动激励聚合和时序差分网络的装配动作识别方法

基于连续视频帧的动作识别是基于图像的动作识别的延伸。与图像相比,视频数据不仅包含每帧图像的空间内容,而且包含大量的时序运动特征信息。因此,基于视频的动作识别需要更加关注模型对于帧与帧之间的时序特征提取能力,尤其是长时间序列的建模。针对上述问题,本节提出了一种基于视频帧运动激励聚合和时间差分网络(video motion excitation aggregation and temporal difference network, VMATD)的装配动作识别方法,用于捕获连续视频帧的短期和长期时间特征,增强模型的感受野,提高装配动作的识别精度。

3.3.1 运动激励聚合和时序差分网络

VMATD 模型的总体结构如图 3.19 所示,模型是在残差网络 ResNet101 的基础上,通过添加运动激励模块、时间聚合模块和时序差分模块构成。运动激励模块主要用于短时间序列建模,时间聚合模块则用于长时间序列建模。运动激励模块在时空特征维度上通过计算时空差异来激发特征通道之间的运动敏感特性;而时间聚合模块通过引入多尺度残差模块,对输入特征进行子卷积操作,使得每一个装配动作视频帧可以完成多个时间层次上的时间聚合。时序差分模块主要通过计算跨段序列的时间差异实现对时序特征的增强。在模型的最后通过使用全连接层和全局平均池化层来平均所有帧的预测结果,输出装配动作类型。

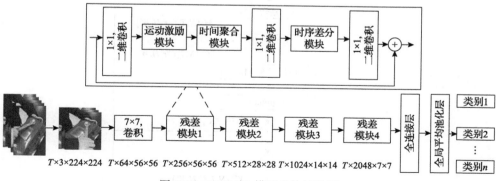

图 3.19　VMATD 模型总体结构图

1. 运动激励模块

许多研究通过运动表示来进行动作识别[67,136]，例如通过引入光流信息来增强对动作的特征表示[137]。但是将运动特征学习和时间特征学习分开，在一定程度上影响了动作识别的速度和效果。与上述方法不同，运动激励模块将动作类型表示从单纯的像素级差异提升到更有动作表征意义的特征级别，从而将运动特征学习和时间特征学习融合起来。

运动激励模块最早由 Li 等[69]提出，它计算连续两视频帧之间的运动位移差异，以此反映短时间帧之间的动作差异。运动激励模块的结构如图 3.20 所示。输入特征 X 的维度大小是$[N,T,C,H,W]$，其中 N 和 T 分别为批尺寸和时间维度，C 代表特征通道维度，H 和 W 分别代表空间维度上的高度和宽度。运动激励模块作用在所有的特征通道之间，提取不同通道之间的不同信息。一部分特征通道表示装配场景中的静态背景信息，另一部分则表示与时间关联的动态运动信息。对于装配动作识别任务，如何减少静态背景信息的干扰和增强时间关联的动态信息通道的特征表示显得尤为重要。

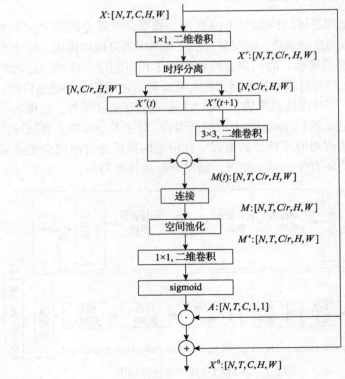

图 3.20 运动激励模块结构图

对于输入特征 X，使用 1×1 的二维卷积神经网络层来减少特征通道的数量，以此来提高网络的训练速度：

$$X^r = \text{Conv}_r * X, \quad X^r \in \mathbf{R}^{N \times T \times C/r \times H \times W} \tag{3.16}$$

式中，X^r 为按比例减少的特征通道；*表示卷积操作；r 为特征通道的减少比例。

时间 t 处的运动特征表示为相邻帧 $X^r(t)$ 和 $X^r(t+1)$ 之间的运动特征差异。相比于对两相邻帧直接进行相减操作，本方法首先通过卷积操作对后一帧特征进行转换，再将其与前一帧相减，这对后续的特征变换是有益的：

$$M(t) = \text{Conv}_{\text{trans}} * X^r(t+1) - X^r(t), \quad 1 \leq t \leq T-1 \tag{3.17}$$

式中，$M(t) \in \mathbf{R}^{N \times T \times C/r \times H \times W}$ 为 t 时刻的动作特征；$\text{Conv}_{\text{trans}}$ 表示对每一个特征通道进行一个 3×3 的二维卷积操作。

然后，将时间步长结束时的特征表示为 0，即 $M(T) = 0$，通过拼接时间 T 内的所有运动特征来生成运动矩阵 M，再利用空间池化层来提取空间运动信息得到 M^s：

$$M^s = \text{Pool}(M), \quad M^s \in \mathbf{R}^{N \times T \times C/r \times H \times W} \tag{3.18}$$

另外一个 1×1 的二维卷积 Conv_{exp} 用来将压缩后的特征通道维数恢复到原始特征通道维度 C，再通过 sigmoid 激活函数得到注意力权值 A：

$$A = 2\delta\left(\text{Conv}_{\text{exp}} * M^s\right) - 1, \quad A \in \mathbf{R}^{N \times T \times C \times 1 \times 1} \tag{3.19}$$

最后，为了增强模型对于运动信息的提取能力，采用残差连接的方式来对输入特征和注意力权值 A 进行融合：

$$X^0 = X + X \odot A \tag{3.20}$$

式中，$\odot$ 表示逐元素乘法；X^0 为运动信息被激发并增强后的输出特征。这样既增强了运动信息，又保留了有利于动作识别的静态场景信息。

2. 时间聚合模块

以往的动作识别任务通常堆叠大量的时间卷积来处理相邻帧之间的特征[56,58]。这种方法往往效果有限，因为随着时间卷积层的大量堆叠，时间特征也会被削弱，而且会造成参数过多、难以优化的现象。引入 Li 等[69]提出的时间聚合模块能够解决这个问题。时间聚合模块通过构造多尺度残差模块，对子特征进行一维和二维卷积操作，扩大了时序特征感受野。给定输入特征 X，首先将特征沿通道维度分割成形状为 $[N, T, C/4, H, W]$ 的 4 个子片段，即 X_1、X_2、X_3、X_4。片段 X_1 不做任何处理，片段 X_2、X_3、X_4 分别进行一维时间卷积和二维空间卷积操作，同时在相邻片段之间进行相加操作，通过简单的连接操作得到最终的输出特征 X^0：

$$\begin{aligned} X_i^0 &= X_i, \quad i=1 \\ X_i^0 &= \text{Conv}_{\text{spa}} * \left(\text{Conv}_{\text{temp}} * X_i \right), \quad i=2 \\ X_i^0 &= \text{Conv}_{\text{spa}} * \left(\text{Conv}_{\text{temp}} * \left(X_i + X_{i-1}^0 \right) \right), \quad i=3,4 \\ X^0 &= \left[X_1^0; X_2^0; X_3^0; X_4^0 \right], \quad X^0 \in \mathbf{R}^{N \times T \times C \times H \times W} \end{aligned} \quad (3.21)$$

式中，$X_i^0 \in \mathbf{R}^{N \times T \times C/4 \times H \times W}$ 为第 i 个片段的输出；$\text{Conv}_{\text{temp}}$ 表示卷积核尺寸为 3 的一维通道时间子卷积；Conv_{spa} 表示卷积核尺寸为 3×3 的二维空间子卷积；X^0 为输出特征。时间聚合模块的结构如图 3.21 所示。

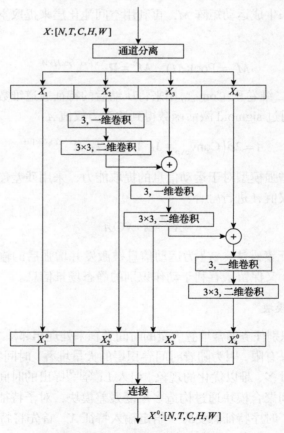

图 3.21 时间聚合模块结构图

3. 时序差分模块

在早期的动作识别研究中已经出现了一些通过计算时间维度上的特征差异来提升模型识别性能的工作,如 RGB 差分[67,70,56]和特征差分[138,139]。基于 RGB 差分的方法主要通过计算动作视频中的光流信息作为运动表征。但是计算光流信息加深了模型的复杂度,一定程度上影响了模型的计算速度。而基于特征差分的方法使用了计算差值算子提取浅层特征。本节通过引入 TDN 模型[70]中的长时差分模块来表征运动信息差异,进而增强原始的运动特征,其模块结构如图 3.22 所示。

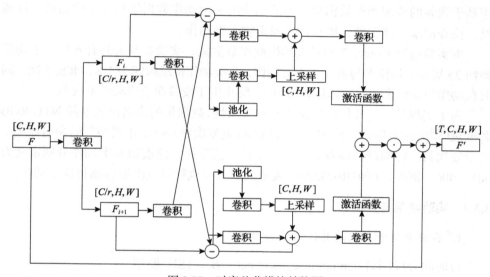

图 3.22 时序差分模块结构图

首先,为了提高模型的计算效率,将输入特征维度由 $[C,H,W]$ 变为 $[C/r,H,W]$,并通过卷积计算时间差特征:

$$C(F_i, F_{i+1}) = F_i - \mathrm{Conv}(F_{i+1}) \tag{3.22}$$

式中,$C(F_i, F_{i+1})$ 表示 F_i 的时间差特征;Conv 表示通道卷积操作。

之后,将时间差特征通过多尺度模块进行信息提取:

$$M(F_i, F_{i+1}) = \mathrm{sigmoid}\left(\mathrm{Conv}\left(\sum_{j=1}^{N}\mathrm{CNN}_j\left(C(F_i, F_{i+1})\right)\right)\right) \tag{3.23}$$

式中,$M(F_i, F_{i+1})$ 表示不同空间尺度的特征;CNN_j 表示从不同感受野中提取不同空间尺度的运动信息。

最后，通过双向跨段时间差异来显著增强特征表示：

$$F_i \odot (F_i, F_{i+1}) = F_i \odot \frac{1}{2}\big[M(F_i, F_{i+1}) + M(F_{i+1}, F_i)\big] \tag{3.24}$$

式中，$\odot$ 表示逐元素乘法。

3.3.2 数据集的制作

为了验证 VMATD 模型的有效性，需要对装配动作进行模拟并采集数据，制作基于视频的装配动作数据集。本节制作的装配动作数据集包含堆放物料、拧螺丝、检查记录、锉工件、捡零件、锤重物 6 类动作。

本实验通过 Kinect 2 相机来拍摄制作数据集，实验参与者共有 6 位，平均年龄约 25 周岁。每位参与者完成 6 类动作，每类动作持续时间为 10s，重复 5 次。同时在动作与动作之间设置休息时间 10s，防止由于疲劳而造成动作不规范。

为了实现数据集文件的规范化和可扩展性，数据集的命名格式参照 NTU RGB 数据集[140]的命名格式，使用"P+人员+R+重复次数+A+动作类型"的命名原则。将堆放物料、拧螺丝、检查记录、锉工件、捡零件、锤重物 6 类动作分别定义为 001~006。例如，P001R003A001 表示人员 1 在执行第三次堆放物料这个动作。

3.3.3 实验结果与分析

1. 实验中用于对比的其他网络模型

1) 时间分段网络 (temporal segment network, TSN) 模型

TSN 模型[67]是在双流卷积神经网络模型基础上的改进。双流卷积神经网络模型无法对长时间序列结构进行建模，主要用于单个时间帧或者短时间片段的处理，这是因为其对时间序列上下文的特征提取有限。一些复杂的动作，如装配动作特别是包含跨越时间段较长的动作，其特征难以被提取。为了解决这个问题，Wang 等[67]提出了 TSN 模型，以对长时间序列视频进行建模，其结构如图 3.23 所示。

原始的双流卷积神经网络采用了相对较浅的网络结构，而 TSN 模型选择具有批标准化的 Inception (BN-Inception) 网络[141]作为构建块。该模型首先通过稀疏采样方法，从长视频序列上获得了同样宽度的短视频片段。然后将这些短视频片段用作空间流卷积方法和时间流卷积方法的输入，空间流卷积模型对单个 RGB 图像进行操作，而时间流卷积模型将一堆连续的光流场作为输入，用以捕获运动信号。在这个过程中，每一个时间和空间的卷积模型都会对动作类型做出一个最初的分类预测。最后用分段共识方法对各个片段的分类得分进行融合，得到分段共识，并将其结果作为视频级别的分类预测结果。

第 3 章 基于深度学习的装配动作识别

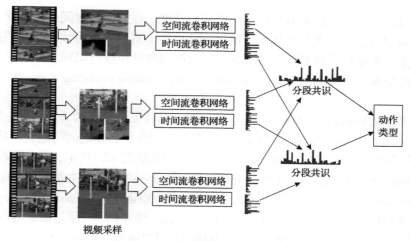

图 3.23 TSN 模型结构示意图

2) 时间金字塔网络 (temporal pyramid network, TPN) 模型

在视频动作识别任务中, 视频中动作的执行速率是识别某些动作的关键, 特别是当其他特征因素不明确时, 比如根据视觉的表现判断一个动作的类型是否属于步行、慢跑或奔跑。以往的研究主要是用不同的速度采集原始影像, 然后构造出一组连续的帧金字塔, 这样就可以获得视觉的速率。但由于每个帧金字塔都有独立的骨干网络, 当金字塔的层数过多时算法的运算代价会很大。而 TPN 模型[142]利用特征层次来处理时间信息的方差, 即视觉节奏, 通过这种方式, 不仅只需要在输入级以单一速率采样帧, 而且可以在单个网络内考虑视觉节奏。

TPN 模型的结构如图 3.24 所示, 主要包括骨干网络、空间调制模块、时间调制模块、信息流模块和预测模块。该模型利用 ResNet50 模型对多层特征进行提取, 由空间调制模块从空间维度上对特征进行下采样, 时间调制模块在时间维度上

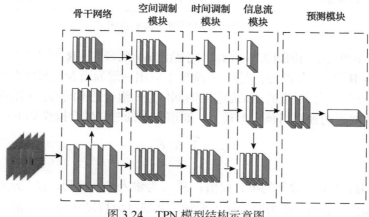

图 3.24 TPN 模型结构示意图

对特征进行下采样,以调节各层次间的相对速度。在空间与时间调制模块中,对不同方向的信息进行融合,从而使层次表达更加丰富。之后由预测模块根据通道维度对金字塔进行重新调整,并对各个层次的视频动作进行识别。

3)时空和运动编码网络(spatio-temporal and motion encoding network,STM)模型

在基于视频的动作识别中,时空特征和运动特征是重要的分类特征,其中前者包含不同时间片段的空间特征信息,后者主要包含相邻帧之间的运动特征信息。Jiang 等[138]提出了时空和运动编码网络模型,其结构如图 3.25 所示,并将其集成到统一的 ResNet 模型中,完成基于视频的动作识别任务。STM 模型主要由通道时空模块(channel-wise spatio-temporal module, CSTM)和通道运动模块(channel-wise motion module, CMM)组成。通道时空模块通过叠加多层一维卷积和二维卷积来编码更关注动作交互的主要对象部分的时空特征,且该模块可以捕捉具有明显边缘的运动特征。

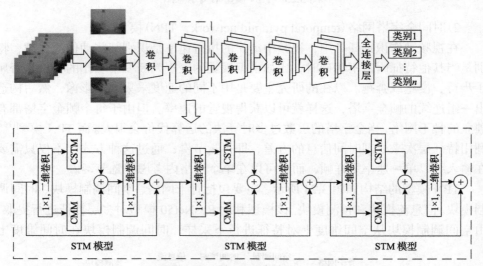

图 3.25 STM 模型结构示意图

通道时空模块结构如图 3.26 所示。对于给定输入特征 $F \in \mathbf{R}^{N \times T \times C \times H \times W}$,将 F 的维度变为 $F^* \in \mathbf{R}^{NHW \times C \times T}$,以便在时间 T 维度上应用一维通道卷积来融合时间信息。对于特征图 F^*,不同通道的语义信息与时间信息的组合是不同的,采用通道卷积可以学习每个通道的独立内核。形式上,通道方式的时间融合操作如下:

$$G_{c,t} = \sum_i K_i^c F^*_{c,t+i} \tag{3.25}$$

式中,K_i^c 为 c 通道 i 时刻的组合权值;$F^*_{c,t+i}$ 为输入特征序列;$G_{c,t}$ 为通道时间融合特征的输出。将 $G_{c,t}$ 变为原始输入形状,并通过内核尺寸为 3×3 的二维卷积对

局部空间信息进行建模。

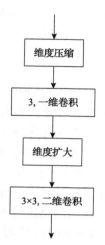

图 3.26 通道时空模块结构示意图

通道运动模块结构如图 3.27 所示。对于给定输入特征 $F \in \mathbf{R}^{N \times T \times C \times H \times W}$，首先用 1×1 的卷积来降低空间通道数，在这里通道数降低为原来的 1/16。然后生成连续的特征级运动信息。以输入特征 F_t 和 F_{t+1} 为例，首先对 F_{t+1} 应用二维卷积操作，然后与 F_t 作差得到近似运动特征表示 H_t：

$$H_t = \mathrm{Conv} * F_{t+1} - F_t \tag{3.26}$$

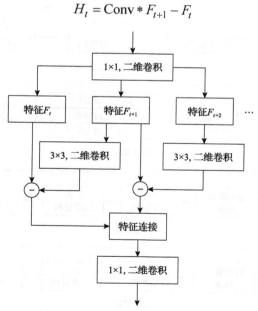

图 3.27 通道运动模块结构示意图

循环进行上述操作会得到 $t-1$ 个运动特征，为了保持时间维度和原始特征图一致，使用零来填充最后的运动信息，再将其在时间维度上连接起来。最后使用 1×1 的卷积来使运动特征形状恢复到初始大小。

2. 实验参数设置

实验环境如下：CPU 为 Intel Xeon E5-2630（2 个），显卡为 NVIDIA TITAN Xp，服务器内存为 128GB，采用 PyTorch 深度学习框架。在训练过程中，使用 ResNet101 作为网络的框架。从每个装配任务视频中采集 8 帧，采用随机剪裁或补零的方式对数据进行增强，将图像的分辨率大小调整为 224×224，这可在一定程度上提高模型的鲁棒性，避免了过拟合现象的产生。大多数实验设置与 TSM 模型[68]一致。同时采用 ImageNet 预训练模型对网络进行微调。在训练期间，采用批处理归一化层[141]。采用随机梯度下降法对网络进行 50 个 Epoch 训练，初始学习率设置为 0.01，当网络进行到第 30 个 Epoch 时，学习率每间隔 10 个 Epoch 降低 1/10。批尺寸为 16。

3. 消融实验

为了验证 VMATD 模型中不同模块的有效性，本节进行消融实验。对比 5 种不同的 ResNet 变体模型，包括(2+1)ResNet、(2+1)Res2Net、ME、MTA 和 TDA 模型，各变体模型结构如图 3.28 所示。

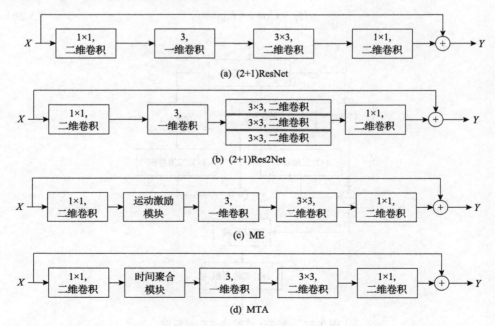

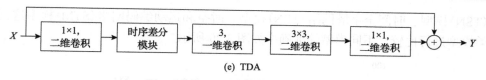

(e) TDA

图 3.28 ResNet 变体模型结构示意图

图 3.28(a) 表示在标准 ResNet 模型的第一个二维空间卷积之后插入一维通道时间卷积；图 3.28(b) 表示在 (2+1)ResNet 模型基础上，将 3×3 二维空间卷积替换为一组空间子卷积；图 3.28(c) 表示在 (2+1)Res2Net 模型基础上，添加运动激励模块；图 3.28(d) 表示在 (2+1)Res2Net 模型基础上，添加时间聚合模块；图 3.28(e) 表示在 (2+1)Res2Net 模型基础上，添加时序差分模块。

本节采用 Top-1 与 Top-5 两个指标评估模型性能。Top-1 准确率表示模型在给定的测试集上正确分类图像所占的比例。具体而言，对于每张测试图像，模型会给出一个类别的预测结果，而 Top-1 准确率是指模型的预测结果中第一个（概率最高）预测与实际标签相符的比例。与 Top-1 准确率不同，Top-5 准确率有更多的选择。在 Top-5 准确率中，模型会给出前五个概率最高的预测结果，而图像被认为分类正确的依据是实际标签与这五个预测中的任何一个相符。

不同变体模型的准确率对比如表 3.8 所示。可以看出，在 (2+1)Res2Net 模型基础上只添加运动激励模块（ME 模型）相比于 (2+1)Res2Net 模型准确率有一定的提高，Top-1 准确率为 87.1%，Top-5 准确率为 93.6%，这说明运动激励模块能够使网络更加专注于反映实际动作的动态信息。与 (2+1)Res2Net 模型相比，添加时间聚合模块（MTA 模型）在 Top-1 准确率上提高了 5.2 个百分点，该模块利用层次结构扩大每个块中时间维度的等效感受野来构建长时间序列聚合的能力，从而提高网络性能。TDA 和 (2+1)Res2Net 模型相比，它的 Top-1 准确率从 81.7% 提高到 87.4%，这证实了其在长时间序列中提取特征差异的有效性。

表 3.8 不同变体模型的准确率对比 (单位：%)

变体模型	Top-1	Top-5
(2+1)ResNet	80.9	88.7
(2+1)Res2Net	81.7	88.4
ME	87.1	93.6
MTA	86.9	93.3
TDA	87.4	94.2

4. 对比实验

为了验证 VMATD 模型在装配动作数据集上的有效性，将其与时间分段网络

(TSN)模型、时间金字塔网络(TPN)模型、时空和运动编码网络(STM)模型这三类模型进行比较。不同模型的准确率如图 3.29 所示。

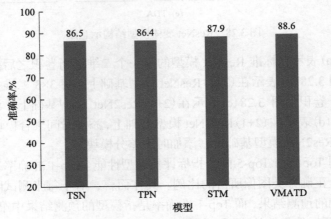

图 3.29　不同模型准确率对比图

以上模型都使用 ResNet101 作为骨干网络,8 帧装配动作图像作为输入。TSN 和 TPN 模型在装配动作数据集上的准确率分别为 86.5% 和 86.4%,低于 VMATD 模型(88.6%)。将 VMATD 与 STM 模型进行比较,可以看到 VMATD 模型获得了比 STM 模型更高的准确率,VMATD 模型为 88.6%,STM 模型为 87.9%,可见 VMATD 模型通过引入运动激励聚合模块和时序差分模块,额外考虑长时间序列,相比于 STM 模型通过时空编码的方式,准确率有了进一步提高,证实了该模型在时间建模方面的能力。

3.4　本章小结

基于深度学习的装配动作识别方法可以帮助企业提高生产效率,提升产品质量,降低生产成本,从而最大限度地满足用户多样化需求,大幅提升生产车间智能化水平。本章以生产工人为对象,结合国内外动作识别的研究现状,提出了基于表面肌电信号和惯性信号的装配动作识别方法、基于注意力机制和多尺度特征融合动态图卷积网络的装配动作识别方法、基于视频帧运动激励聚合和时序差分网络的装配动作识别方法,并通过对比实验和消融实验验证了上述方法的有效性。

第4章 基于深度学习的机械装配体多视角变化检测与位姿估计

机械产品装配具有操作环节多、装配过程复杂等特点,容易造成漏装、错装等差错。在复杂装配体零部件组装过程中,若未能及时检测新装配零部件是否装配正确,则会影响到机械产品的质量和装配效率。为此,本章将研究基于深度学习的机械装配体多视角变化检测与位姿估计方法。

4.1 基于深度图像注意力机制特征提取的机械装配体多视角变化检测方法

为了能够从不同视角有效检测新装配零部件,本节将场景变化检测技术应用于装配监测中,提出基于深度图像注意力机制特征提取(depth image attention mechanism feature extraction, AMFE)的装配体多视角变化检测方法。针对机械产品装配中多视角变化检测数据集的缺乏问题,本节制作二级锥齿轮减速器的装配体合成图像多视角变化检测数据集,并研究注意力机制特征提取的多视角变化检测方法对机械装配体变化检测性能的影响。

4.1.1 基于深度图像注意力机制特征提取的多视角变化检测网络

基于深度图像注意力机制特征提取的多视角变化检测方法的总体结构如图 4.1 所示。该模型包括语义融合网络和多视角变化检测网络,共分为 5 个模块:语

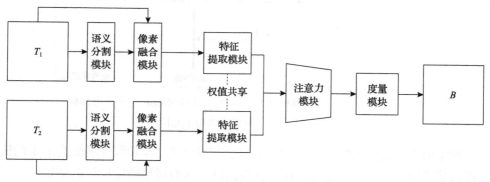

图 4.1 基于 AMFE 的多视角变化检测方法的总体结构图

义分割模块、像素融合模块、特征提取模块、注意力模块和度量模块。给定装配过程中不同视角的深度图像 T_1(基准图像)和 T_2(待检测图像),检测 T_2 相对于 T_1 的变化位置,生成变化图像 B,对变化图像 B 中每个像素分配标签,标签 1 表示存在变化,标签 0 表示无变化。

该方法利用语义分割模块分别提取两张深度图像的语义信息,获得语义图像;利用像素融合模块融合语义图像与深度图像,获得融合图像;利用特征提取模块提取融合图像的特征,得到初始特征图;利用注意力模块对初始特征图注意力特征加权,得到最终特征图;利用度量模块计算最终特征图的特征距离,根据特征距离获得变化图像 B。

1. 语义融合网络

语义融合网络包括语义分割模块和像素融合模块。首先将不同视角的深度图像 T_1 和 T_2 输入语义分割模块,使用 FCN 模型[143]学习像素到像素的映射关系,对深度图像进行像素级语义分割以获得装配体零件的语义图像。该模块由全卷积和反卷积两部分组成,其结构如图 4.2 所示。全卷积部分提取图像特征,形成特征图,而反卷积部分通过对特征图上采样,获得原始输入尺寸大小的语义图像。该过程并不是本节的重点,因此不作详细描述。

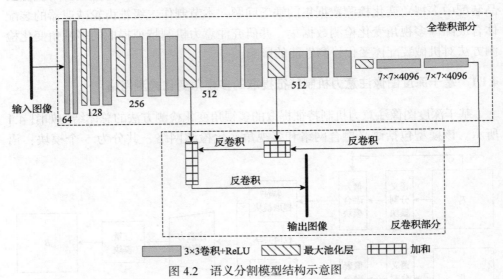

图 4.2 语义分割模型结构示意图

像素融合模块使用像素级图像融合方法[144]对语义图像和深度图像按 1:4 的比例进行像素融合,以尽可能多地保存深度信息,从而增加图像特征信息量。

2. 多视角变化检测网络

多视角变化检测网络共包含特征提取模块、注意力模块和度量模块。

1) 特征提取模块

深层网络的感受野比较大，高维特征的语义信息表达能力强，但缺乏空间几何细节信息；浅层网络的感受野比较小，低维特征的空间几何细节信息表达能力强，但是语义信息表达能力弱[145]。为了充分利用各阶段所提取的特征信息，本节设计了多尺度特征融合机制，融合高维语义信息和低维空间几何细节信息增加特征的信息量。特征提取模块结构如图 4.3 所示。

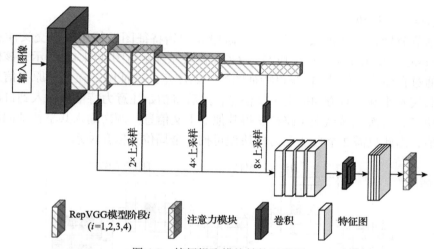

图 4.3　特征提取模块结构示意图

本节去掉了 RepVGG 模型[146]最后的全局池化层和全连接层，在每一阶段特征提取后嵌入注意力模块。通过注意力机制捕获全局位置，快速定位目标信息。由于采用多尺度特征融合机制，得到的融合后特征图信息量较大，不利于速度和精度的提升。本节使用 3×3 卷积和 1×1 卷积处理融合后特征图，能够有效降低通道维度，充分利用融合后的特征信息，生成更具区分性的特征量。具体而言，对每个阶段后嵌入注意力模块得到的 4 组特征，先进行 1×1 卷积，将特征映射的通道尺寸都转换为 C_1，这里 C_1 设定为 72；之后将后 3 个阶段的特征尺寸通过采样映射为第 1 阶段的特征尺寸；最后将 4 组特征进行通道串联融合，并将其输入到 3×3 卷积和 1×1 卷积进行处理，获得初始特征图。

图 4.4 为特征提取模块中 RepVGG 模型[146]的结构示意图。RepVGG 模型包含 2 种残差结构，一种仅对 3×3 卷积层添加平行的 1×1 卷积分支，另一种不仅添加 1×1 卷积分支，同时增添 Identity 分支。RepVGG 模型由于结构简单且单一，可极

大提升内存利用率,有助于模型的推理加速。

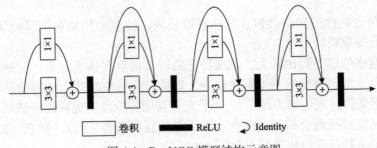

图 4.4　RepVGG 模型结构示意图

2) 注意力模块

本节分别在特征提取模块的 4 个阶段和初始特征图后使用横纵交叉注意力 (criss-cross attention, CCA) 模块[147]。CCA 模块原理示意图如图 4.5 所示,该模块首先通过自注意力模块 1 获得特征图的初始注意力特征图,在保存原有信息的同时收集水平和垂直方向的上下文信息;然后将初始注意力特征图输入到自注意力模块 2,再次从横纵交叉路径获得其他上下文信息。两次输入共享特征向量的参数值,因此只需 2 个自注意力模块便可捕获全局位置依存关系。

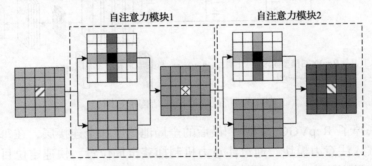

图 4.5　CCA 模块原理示意图

图 4.6 为 CCA 模块的详细结构图。给定局部特征图 $P \in \mathbf{R}^{C \times W \times H}$,CCA 模块首先在 P 上应用两个 1×1 卷积层,分别生成特征图 Q 和 K,其中 $\{Q,K\} \in \mathbf{R}^{C' \times W \times H} \times \mathbf{R}^{C' \times W \times H}$,$C'$ 为特征图的通道数。获得特征图 Q 和 K 之后,通过亲和力匹配算法生成注意力图 $A \in \mathbf{R}^{(H+W-1) \times W \times H}$,在特征图 Q 的空间维度上每个位置 u 都可以得到向量 $Q_u \in \mathbf{R}^{C'}$。同理,通过从特征图 K 中提取特征向量获得集合 Ω_u,K 与 u 处于同一行或同一列。因此,$\Omega_u \in \mathbf{R}^{(H+W-1) \times C'}$,$Q_{i,u} \in \mathbf{R}^{C'}$ 是 Ω_u 的第 i 个元素。亲和力匹配算法定义如下:

$$d_{i,u} = Q_u Q_{i,u}^{\mathrm{T}} \tag{4.1}$$

式中，$d_{i,u} \in D$ 表示 Q_u 和 $Q_{i,u}$ 相关程度，$D \in \mathbf{R}^{(H+W-1) \times W \times H}$ 为相关程度向量。

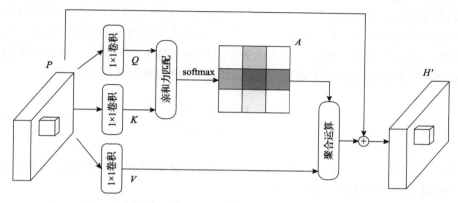

图 4.6　CCA 模块详细结构图

然后，沿着通道维度在 D 上应用 softmax 层，计算注意力图 A，然后在特征图 P 上应用另一个 1×1 卷积层生成特征图 $V \in \mathbf{R}^{C \times W \times H}$ 以进行特征自适应，在特征图 V 的空间维度上每个位置 u 都可以获得向量 $V_u \in \mathbf{R}^C$ 和集合 $\Phi_u \in \mathbf{R}^{(H+W-1) \times C}$。集合 Φ_u 是 V 中的特征向量的集合，这些特征向量位于位置 u 的同一行或同一列中。通过如下定义的聚合运算操作来进行聚合上下文信息：

$$H'_u = \sum_{i \in |\Phi_u|} A_{i,u} \Phi_{i,u} + H_u \tag{4.2}$$

式中，H'_u 为输出特征图 $H' \in \mathbf{R}^{C \times W \times H}$ 在 u 处的特征向量；$A_{i,u}$ 为通道 i 和位置 u 处的标量值。

最后，将上下文信息添加到局部特征 H 中以增强特征表示能力。

3) 度量模块

近几年，深度度量学习已经应用于卫星遥感图变化检测[148,149]。度量模块主要为深度度量学习，即学习从输入数据到映射空间的非线性变换。相似样本的映射向量趋向于靠近，而相异样本的映射向量趋向于远离。为此，本节采用对比损失函数定义映射向量间的距离，以衡量映射空间中的每个变化。对比损失函数 L[150]为

$$L = \frac{1}{2N} \sum_{n=1}^{N} \left[y d^2 + (1-y) \max(m-d, 0)^2 \right] \tag{4.3}$$

式中，$d = \|a_n - b_n\|_2$ 为两个样本映射向量的欧氏距离；y 为两个样本之间匹配度的

标签，$y=1$ 代表两个样本相似或者匹配，$y=0$ 则代表不匹配；N 为样本个数；m 为设定的阈值，设定为 1。

给定不同时刻、不同视角的双时特征图，该模块首先通过双线性插值将每个特征图的大小调整为输入图像尺寸，然后计算尺寸调整后特征图之间的欧氏距离，生成相关程度向量 $D \in \mathbf{R}^{W \times H}$，其中 W 和 H 分别为输入图像的高度和宽度。在训练阶段，通过上述定义的对比损失函数学习网络的样本参数特征。在测试阶段，根据训练网络所保存的最优模型，通过设定固定阈值获得变化映射 $P_{i,j}$：

$$P_{i,j} = \begin{cases} 1, & D_{i,j} > \theta \\ 0, & D_{i,j} \leq \theta \end{cases} \tag{4.4}$$

式中，i、$j(1 \leq i \leq W_0, 1 \leq j \leq H_0)$ 为特征距离图 D 的宽和高的索引；θ 为分离变化区域设定的固定阈值，设定为 1。

根据特征距离和变化映射 $P_{i,j}$ 可以得出，当 $D_{i,j}$ 大于阈值时 $P_{i,j}$ 记为 1，表示有变化；否则记为 0，表示没有变化。根据变化映射 $P_{i,j}$ 中设置的阈值，将图像的所有区域分为变化区域和不变区域两类，即可得到最终的变化图像。

4.1.2 数据集的制作

由于机械装配体监测领域缺乏公开的多视角变化检测数据集，而真实物理装配图像标注过程繁琐，需要消耗大量时间和人力。为此，本节制作了二级锥齿轮减速器合成图像多视角变化检测数据集，制作流程如图 4.7 所示，具体过程如下。

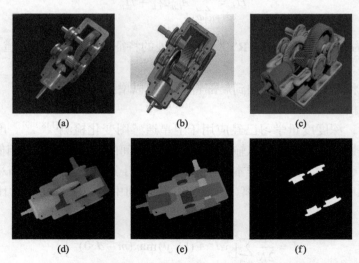

图 4.7 二级锥齿轮减速器合成图像多视角变化检测数据集制作流程示意图

（1）建立装配体模型。首先选择 SolidWorks 软件，根据真实场景中各零件尺寸对装配体建模。二级锥齿轮减速器装配体真实物理图像如图 4.7(a)所示，建模后装配体模型如图 4.7(b)所示。然后将装配体各零件模型以 stl 格式保存，再以 scanto3d 网格文件形式打开上述 stl 格式文件。最后以 obj 格式保存各零件模型。

（2）颜色标注与建立世界坐标系。首先使用 3ds Max 软件加载上述 obj 格式的各零件模型，对装配体各零件标注不同颜色值。然后使用 OSG Exp 插件建立装配体模型世界坐标系，并将世界坐标系移动至模型几何中心位置。最后以 ive 格式保存模型，结果如图 4.7(c)所示。

（3）获取模型深度图像与颜色标签图像。使用深度图像合成软件加载上述 ive 格式文件，按照一定装配顺序将各零件划分不同装配步骤，通过创建虚拟深度相机和彩色相机从不同视角合成图像，获取不同装配阶段中不同视角的模型深度图像和颜色标签图像，分别如图 4.7(d)和(e)所示。

（4）获取变化区域二值标签图。根据每个零件不同颜色值，提取当前装配步骤中新装配零件颜色值，并将其设定为白色，其余部分设定为黑色，最终获取变化区域二值标签图，如图 4.7(f)所示。

图 4.8 为数据集中装配节点与步骤划分示意图。本节设置 5 个装配节点，4 个装配步骤，每个步骤装配一个零部件。图 4.9 为装配节点 $T_{(2)}$ 到 $T_{(3)}$ 的装配体多视角变化检测示意图，给定装配节点 $T_{(2)}$ 装配体一个固定角度，同时设定装配节点 $T_{(3)}$ 不同角度下的装配体图像。检测装配节点 $T_{(3)}$ 不同角度下的装配体图像与装配节点 $T_{(2)}$ 的图像变化，获得不同角度下新装配零部件的变化标签图像。

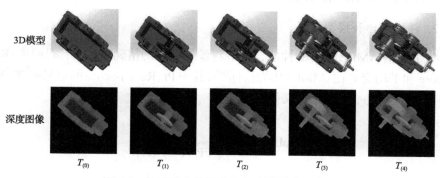

图 4.8 数据集中装配节点与步骤划分示意图

采集装配体深度图像时，每个装配节点采集 619 张不同角度的深度图像，5 个装配节点共采集 3095 张图像。本节目的是装配体多视角变化检测，装配过程具有连续性，故取前一时刻固定某一视角，后一时刻等角度从 619 张图像抽取 52 张。本节数据集中训练集共有 625 张图像，验证集共有 207 张图像，测试集共有 207 张图像。

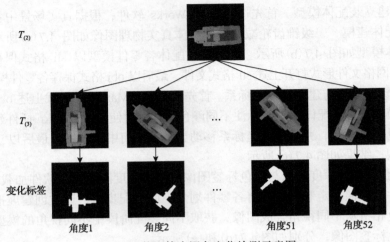

图 4.9 装配体多视角变化检测示意图

4.1.3 实验环境与指标选取

1. 实验平台的搭建

为了实现机械装配体多视角变化检测，本节搭建了相应的实验平台。实验环境如下：CPU 为 Intel Core i7-9700，内存为 32GB，显卡为 NVIDIA GeForce RTX 2060，显存为 6144MB，Ubuntu 18.04.4 LTS 操作系统，采用 PyTorch 深度学习框架，并用 Python 语言编写网络程序。

2. 评价指标和模型设置

为了评估 AMFE 模型的性能，本节将像素分类的精确率(Pr)、召回率(Re)、F_1-score 和平均交并比(MIoU)作为指标[80]，其中 Pr、Re、F_1-score 的定义如式(3.4)、式(3.5)、式(3.6)，MIoU 定义如式(4.5)：

$$\text{MIoU} = \frac{1}{k+1}\sum_{i=0}^{k}\frac{TP_i}{FP_i+FN_i+TP_i} \tag{4.5}$$

式中，$i=0, 1, 2,\cdots, k$ 代表某个类别的相应指标，k 表示类别标签；TP_i 表示第 i 个类别正样本被正确检测的数量；FN_i 表示第 i 个类别正样本被漏检的数量；FP_i 表示第 i 个类别负样本被误检的数量。由于 F_1-score 和 MIoU 是基于全局的综合评价，本节在分析实验结果时主要关注这两个指标。

由于实验目的是装配体多视角变化检测，在网络参数设置中 Class 设置为 2，即有变化或者无变化，数据集中图像大小(Image_size)为 256×256 像素，共设置

200 个 Epoch，前 100 个 Epoch 的学习率(Learning_rate)设置为 0.001，后 100 个 Epoch 的学习率线性衰减至 0，批尺寸(Batch_size)设置为 6，如表 4.1 所示。

表 4.1 网络参数设置

参数	Class	Image_size	Learning_rate	Epoch	Batch_size
取值	2	256×256 像素	0.001	200	6

4.1.4 实验结果与分析

本节将对 AMFE 模型中各模块进行消融实验，以全面评估各模块对网络性能影响，并开展 AMFE 模型与其他方法的对比实验，以此验证基于注意力机制特征提取的多视角变化检测网络的性能。

1. 消融实验与分析

本节将在整体框架下独立评估网络的像素融合模块、特征提取模块以及注意力模块对网络性能的影响。由于 F_1-score 兼顾了模型的精确率和召回率，MIoU 能够较为准确地反映真实值和预测值的相关性，所以主要关注 F_1-score 和 MIoU。

1) 像素融合模块对网络性能的影响

为了验证像素融合模块对网络性能的影响，本节以深度图像作为输入图像。深度图像具有三维信息较为丰富但语义信息较为简单的特点，若直接对深度图像提取特征，计算特征图度量距离，检测效果较差。为此，AMFE 模型首先对深度图像进行语义分割得到语义图像，再将语义图像和深度图像按 1:4 的比例进行像素融合，从而在融合语义信息的条件下尽量保存深度信息，增强图像特征信息量。表 4.2 为具体的实验结果，从表中可以得出，直接对语义标签进行特征提取，无像素融合，F_1-score 为 89.5%，MIoU 为 90.0%。若将语义信息与深度信息像素融合，指标均有明显提升，精确率从 85.6%提升至 95.9%，召回率从 93.7%提升至 97.9%，F_1-score 从 89.5%提升到 96.9%，MIoU 从 90.0%提升到 97.0%。由实验分析可以得出，将语义信息与深度信息融合，能够丰富图像特征信息量，对后续特征提取有明显改善作用，进而提升网络性能。

表 4.2 像素融合模块对网络性能的影响 （单位：%）

像素融合模块	精确率	召回率	F_1-score	MIoU
无	85.6	93.7	89.5	90.0
有	95.9	97.9	96.9	97.0

2) 特征提取模块对网络性能的影响

为了验证特征提取模块各阶段后嵌入自注意力机制对网络性能的影响，本节实验分别在各个以及全部阶段后嵌入 CCA 模块，分析其对特征提取影响，结果如表 4.3 所示。从表中可以看出在阶段 2 后嵌入注意力机制的精确率指标最高，为 96.0%，同时 F_1-score 为 94.0%，MIoU 为 93.9%，可见在特征提取过程中，阶段 2 提取的特征与变化检测网络性能最为相关。在阶段 1、2、3、4 后都嵌入 CCA 模块的网络性能最好，F_1-score 达到 96.9%，MIoU 达到 97.0%。可见在各个阶段后增加 CCA 模块，并进行多尺度融合，能够有效利用高维语义信息和低维空间信息，为后续特征的度量计算提供充分有效的特征信息，进而改善网络性能。

表 4.3 RepVGG 网络各个以及全部阶段后嵌入 CCA 模块对网络性能的影响（单位：%）

阶段	精确率	召回率	F_1-score	MIoU
1	88.5	93.7	91.0	91.3
2	96.0	92.1	94.0	93.9
3	89.6	97.6	93.5	93.5
4	92.0	94.7	93.3	93.4
1,2,3,4	95.9	97.9	96.9	97.0

3) 注意力模块对网络性能的影响

本节对比了初始特征图后嵌入注意力模块对网络性能的影响。实验结果如表 4.4 所示，可以看出，通过注意力模块对初始特征图进行自注意力机制处理后，F_1-score 和 MIoU 均提升 20 个百分点以上。因此，相对于像素融合模块和特征提取模块，对获得的初始特征图进一步进行注意力机制处理，能够加强多尺度融合特征信息之间的相关性，显著地提升网络性能。

表 4.4 初始特征图后嵌入注意力模块对网络性能的影响 （单位：%）

注意力模块	精确率	召回率	F_1-score	MIoU
无	57.8	96.2	72.2	76.5
有	95.9	97.9	96.9	97.0

通过消融实验对比可以得出：通过将语义信息与深度信息融合，能够丰富图像特征信息量；通过在特征提取过程中嵌入注意力机制，并进行多尺度融合，能够有效利用高维语义信息和低维空间信息，丰富特征图的特征信息，为后续特征度量计算提供充分有效的特征信息；利用自注意力机制处理初始特征图，能够有效加强特征之间的相关性，显著提升网络性能。

2. 不同方法对比实验与分析

本节主要比较 STANet[80]模型和 AMFE 模型在数据集上的性能，由于 AMFE 模型采用两阶段变化检测方法，通过像素融合机制对输入的深度图像进行预处理。为了便于性能比较，本节同样将像素融合后的融合图像作为 STANet 模型的输入。评价指标中的时间是指训练 200 个 Epoch 的平均用时。STANet 模型包括两种模型：STA_BAM 模型和 STA_PAM 模型。为了进一步验证 RepVGG 模型[146]的有效性，本节将 VGG_CC 与 NestedUNet[81]两种模型加入对比试验中，其中 VGG_CC 模型是在特征提取模块中，将 RepVGG 模型替换为 VGG19 模型[116]形成的一个新模型。

图 4.10 对比了相同实验条件下不同模型在训练过程中损失函数 Loss 的变化过程。图 4.11 对比了不同模型在训练过程中的 F_1-score 变化过程。在初始阶段，STA_PAM 模型的 Loss 收敛最快，STA_PAM 的 F_1-score 提高最快，这是因为 STA_PAM 模型使用多尺度训练来加速模型收敛。STA_BAM 模型的 Loss 收敛效果最差，对应的 F_1-score 先达到峰值，其 F_1-score 也较小，这是因为 STA_BAM 模型没有使用多尺度训练。VGG_CC 模型的 Loss 变化范围很大，主要是 VGG 网络的梯度消失造成的。NestedUNet 模型的 Loss 起始位置比较高，之后可以稳定收敛，但是大约 50 个训练 Epoch 之后一直伴随着较大的波动。此外，NestedUNet 模型的 F_1-score 保持在 80%以下。而 AMFE 模型在中后期仍然可以继续更加稳定地收敛，从而提高了网络的整体性能。

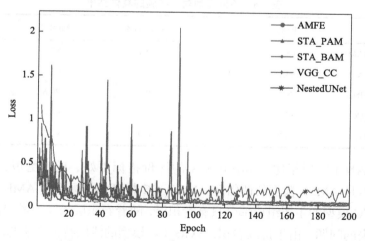

图 4.10　不同模型在训练过程中的 Loss 变化图

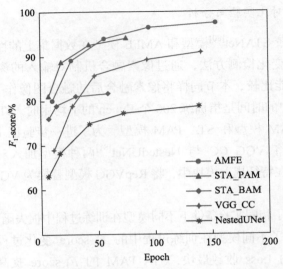

图 4.11 不同模型在训练过程中的 F_1-score 变化图

不同模型对比实验的具体结果总结如表 4.5 所示。其中，NestedUNet 的 F_1-score 为 78.7%，由于性能指标不高，后续不做进一步详细分析。STA_BAM 模型的 F_1-score 为 80.4%，MIoU 为 82.5%，平均批处理时间为 39.818s。而 STA_PAM 模型的 F_1-score 增加到 93.0%，MIoU 增加到 93.2%，时间消耗相应增加到 53.668s，这是因为其使用了参数量较多的多尺度训练，从而提高了性能。

表 4.5 不同模型对比实验的具体结果

模型	Pr/%	Re/%	F_1-score/%	MIoU/%	时间/s
STA_BAM	68.5	97.3	80.4	82.5	39.818
STA_PAM	94.1	92.0	93.0	93.2	53.668
NestedUNet	79.6	74.8	78.7	79.6	51.285
VGG_CC	89.7	92.5	91.1	91.4	43.707
AMFE	95.7	98.5	96.9	97.0	21.622

与 STANet 模型相比，AMFE 模型的评价指标更好，耗时更短，STA_PAM 模型的耗时是 AMFE 模型的两倍多。VGG_CC 模型的指标低于 AMFE 模型，因为 VGG_CC 模型的主要组成部分只有卷积层，随着卷积层深度的增加，很容易出现梯度消失的问题。由于持续卷积，VGG_CC 模型的浅层特征无法与深层特征相结合，因此它们没有得到充分利用。RepVGG 模型增加了残差结构和恒等分支来解决深度网络中梯度消失的问题，有利于网络收敛，从而提高网络性能。

为了进一步比较表 4.5 中不同模型的结果,下面给出了不同模型下的装配体多角度变化检测可视化效果图,如图 4.12 所示。从 619 个视点中选择一个视点,展示组装前后的深度图像和融合图像,以及装配过程四个步骤中新安装零件的多视图变化检测结果,t' 与 t'' 分别为变化前后时刻。与真实变化结果的标签图相比,STA_BAM 模型可以很容易地检测到与新增部分无关的区域,但容易出现无关噪声。STA_PAM 模型基本可以完成多视图变化检测的任务,但边缘细节的处理有待提高。VGG_CC 模型容易出现区域丢失的现象。相比之下,AMFE 模型不仅可以在每个装配步骤准确定位新零件的变化,还可以有效地处理零件之间的连接,并完整输出变化区域的图像。

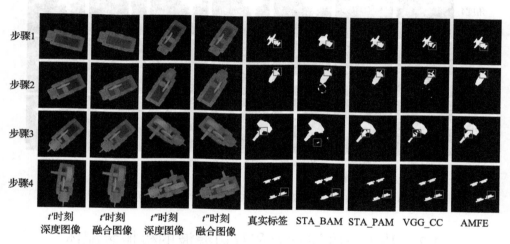

图 4.12 不同模型下装配体多角度变化检测可视化效果图

图 4.13 为不同模型在同一装配步骤中的多视角变化检测可视化效果图。对于装配节点 $T_{(2)}$ 到 $T_{(3)}$ 的组装步骤,从 619 个角度中选择 6 个不同的视角进行测试,对比结果验证了表 4.5 数据的有效性。与真实标签相比,VGG_CC 模型的变化检测结果容易出现不完整区域,而 STA_BAM 模型的变化检测结果容易出现不相关区域。相比之下,STA_PAM 模型的结果和 AMFE 模型的结果都比较完整,但 STA_PAM 模型对边缘细节处理效果没有 AMFE 模型好。

通过消融实验和不同模型的比较可知,本节所提出的 AMFE 模型不仅适应于机械装配体多视角变化检测,而且网络检测效果最好,耗时最少。综上所述,该模型可满足机械装配深度图像多视角变化检测要求。

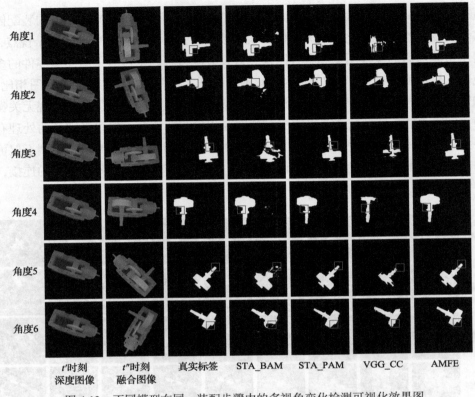

图 4.13 不同模型在同一装配步骤中的多视角变化检测可视化效果图

4.2 基于三维注意力和双边滤波的机械装配体多视角变化检测方法

由于直接利用深度图像进行变化检测效果较差,为了进一步提高变化检测网络检测深度图像的性能,本节将在 CDNet[151]模型基础上,提出基于三维注意力和双边滤波(three-dimensional attention and bilateral filtering, TABF)的机械装配体多视角变化检测方法,实现机械装配体深度图像的高效检测,并使用图像变化检测结果监测装配顺序,制作机械装配体的合成深度图像数据集和真实彩色图像数据集,并进行实验分析。

4.2.1 基于三维注意力和双边滤波的变化检测网络

TABF 模型结构如图 4.14 所示,包含编码模块、解码模块、三维注意力模块和双边滤波模块,其输入为机械装配体在 t_0 和 t_1 两个不同时刻的图像。编码模块提取两个不同时刻的图像特征，融合后传给解码模块进行解码。为了提取图像的更多细节特征，本节在 TABF 模型中引入三维注意力模块，将编码模块提取到的特征经三维注意力模块后和解码模块输出的特征进行融合，融合后的特征传给下一层解码模块继续解码。再引入双边滤波模块，对输出的变化图像进行双边滤波处理，有效过滤图像中的噪声，优化图像中变化零件的边界。

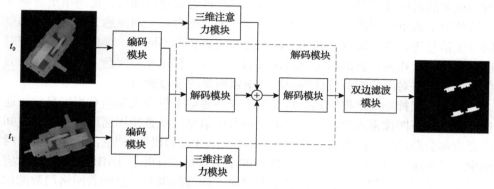

图 4.14　TABF 模型结构图

1. 编码模块

如图 4.15 所示，编码模块选用 ResNet18 模型[133]，主要由 4 个残差模块组成。随着网络层数的加深，网络的感受野会增大，高维特征的语义信息表达能力会增强，但深度网络缺乏空间几何细节，因此将残差模块 4 提取的特征经过三维注意力模块处理后再传给解码模块，以增强深层网络对细节特征的提取能力。

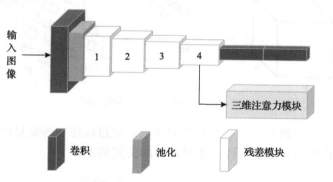

图 4.15　编码模块结构图

2. 三维注意力模块

由于图像中包含的特征信息非常大，如果对图像中的每个位置都进行特征构建，会使网络学习到很多无用的特征。注意力机制借鉴了人类视觉系统获取信息的方式，通过快速扫描全局图像，获得需要重点关注的目标区域。引入注意力机制能够使网络更好地聚焦在图像重要区域和重要特征上，忽略图像中的不重要信息，有效提高神经网络的效率，降低网络的复杂度。现有的注意力机制主要分为两类，即通道注意力和空间注意力。通道注意力是对重要的特征通道进行加强，对不重要的通道进行抑制。Hu 等[132]通过对特征通道进行加权，使网络更容易区分特征通道的重要程度，提高了网络的特征表达能力。空间注意力是对图像的空间维度信息进行特征提取，利用不同的空间位置获得不同的二维权值，然后与对应的空间位置相乘，突出特定空间位置的重要性。相比通道注意力，空间注意力能够增强网络对图像细节特征的提取，增强网络的学习能力。

利用卷积神经网络提取到的特征图不仅在通道上包含大量的有用信息，在通道内部的特征图像素点之间也包含大量的有用信息，单独使用通道注意力或空间注意力都会造成信息的丢失。因此，本节将三维注意力机制[152]融合到变化检测网络中。三维注意力的引入可以突出图像的细节特征，有助于 TABF 模型找出对应位置上特征图的相似性，在一定程度上解决了图像的细节信息随着网络层数的加深而丢失的问题。三维注意力机制原理如图 4.16 所示，它是一种无参数的注意力模块。和现有的通道注意力和空间注意力不同，它不需要添加额外参数就可以计算特征图的三维注意力权值，该权值同时考虑了空间维度和通道维度，使 TABF 模型能够提取更多的图像特征，有效提高图像变化检测的精度。

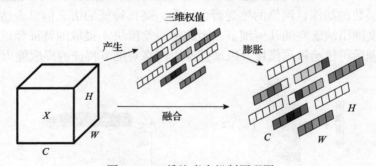

图 4.16　三维注意力机制原理图

三维注意力机制利用了神经科学的理论，通过构建一种能量函数来计算注意力权值，判断神经元的重要性。能量函数的公式如下：

$$e_t(w_t,b_t,y,x_i) = (y_t - \hat{t})^2 + \frac{1}{M-1}\sum_{i=1}^{M-1}(y_o - \hat{x}_i)^2 \tag{4.6}$$

式中，$\hat{t} = w_t t + b_t$ 和 $\hat{x}_i = w_t x_i + b_t$ 分别是 t 和 x_i 的线性变换；t 和 x_i 分别表示输入特征 $X \in \mathbf{R}^{C \times H \times W}$ 单个通道中的目标神经元和其他神经元；i 表示空间维度的

索引；$M=H\times W$ 是通道上的神经元数量；w_t 和 b_t 分别是指神经元变换时的权值和偏置；$y=(y_t, y_o)$，y_t 和 y_o 是与目标神经元 t 和其他神经元 x_i 相关的两个不同值。通过在式(4.6)添加正则项，并采用二值标签（$y_t=1$，$y_o=-1$），能量函数被简化为

$$e_t(w_t, b_t, y, x_i) = \frac{1}{M-1}\sum_{i=1}^{M-1}\left[-1-(w_t x_i + b_t)\right]^2 + \left[1-(w_t t + b_t)\right]^2 + \lambda w_t^2 \quad (4.7)$$

式(4.7)的计算过程较为复杂，但有一种解析解，可以通过微分 w_t 和 b_t 得到，将解析解代入到能量函数中可以得到最小能量的计算公式：

$$e_t^* = \frac{4(\hat{\sigma}^2 + \lambda)}{(t-\hat{\mu})^2 + 2\hat{\sigma}^2 + 2\lambda} \quad (4.8)$$

式中，$\hat{\mu} = \frac{1}{M}\left(\sum_{i=1}^{M} x_i\right)$；$\hat{\sigma}^2 = \frac{1}{M}\left[\sum_{i=1}^{M}(x_i - \hat{\mu})^2\right]$；$\lambda$ 为可人工调整的超参数，$\lambda \in [10^{-6}, 10^{-1}]$。式(4.8)表明能量越低，神经元 t 与周围神经元的差别越大，神经元 t 的重要性就越高。对重要性高的神经元需要进行特征加强，突出图像中的重点区域，得到三维注意力的输出 $\tilde{X}$ 为

$$\tilde{X} = \sigma\left(\frac{1}{E}\right) * X \quad (4.9)$$

式中，E 为特征图中所有 e_t^* 的能量值；$*$ 表示卷积操作；$\sigma(\cdot)$ 表示 sigmoid 函数。

3. 双边滤波模块

由于装配体的各零部件是紧密连接的，变化检测网络检测出的变化区域存在边界不清晰的问题。为了提高变化检测的精度，TABF 模型引入双边滤波优化变化图像中零部件的边界，降低变化图像中的噪声。双边滤波[153]是一种基于高斯滤波[154]的非线性滤波器，不仅考虑了像素之间的欧氏距离，也考虑了像素亮度和深度上的相似性，既可以减少滤波后图像中的噪声，又可以保持图像的边缘信息清晰。双边滤波对深度图像和彩色图像都具有较好的效果，有较强的适用性。双边滤波的数学表达式为[155]

$$g(i,j) = \frac{\sum_{(k,l)\in S(i,j)} f(k,l) w(i,j,k,l)}{\sum_{(k,l)\in S(i,j)} w(i,j,k,l)} \quad (4.10)$$

式中，$g(i,j)$ 为滤波后的输出像素值；$S(i,j)$ 为中心点 (i,j) 的相邻像素点集；$f(k,l)$ 为点 (k,l) 的像素值；$w(i,j,k,l)$ 为双边滤波的权值函数，其计算公式如下：

$$w(i,j,k,l) = w_s \times w_r \tag{4.11}$$

这里，

$$w_s = e^{-\frac{(i-k)^2 + (j-l)^2}{2\sigma_s^2}} \tag{4.12}$$

$$w_r = e^{-\frac{\|f(i,j)-f(k,l)\|^2}{2\sigma_r^2}} \tag{4.13}$$

式中，σ_s 和 σ_r 表示滤波半径，本节中设置为 70。函数 w_s 的权值和像素的距离有关，由式 (4.12) 可以看出像素的距离越近，函数的权值越大，相当于对图像进行高斯滤波。函数 w_r 的权值和像素值之间的差异有关，即当像素值接近时，即使距离较远，也比差异大、距离近的像素点权值大。函数 w_r 使图像中距离近但差异大的像素点能够保留，有效保存了变化图像上零件的边界。

4.2.2 数据集的制作

本节以二级锥齿轮减速器的装配为例验证 TABF 模型的性能。制作 2 个数据集，分别为二级锥齿轮减速器的合成深度图像数据集、真实彩色图像数据集，下面分别对 2 个数据集进行介绍。

数据集 1：减速器的合成深度图像数据集。深度图像不仅包含图像的三维信息，而且还具有很强的抗干扰性。为建立合成深度图像数据集，首先使用 SolidWorks 软件建立减速器的三维模型，然后通过 3ds Max 软件导出为 ive 格式文件，再将该文件导入编写的合成图像拍摄软件，从不同的角度采集深度图像。减速器的装配过程分为 4 个步骤，每次装配一个零部件，如图 4.17 所示。

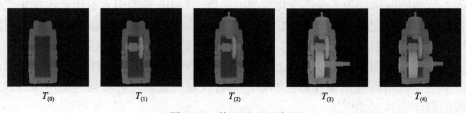

图 4.17 装配过程示意图

深度图像的合成时对减速器的 $T_{(0)} \sim T_{(4)}$ 共五个装配节点分别合成，每个节点可以合成 619 张不同角度的照片。数据集选取的原则是保持前一时刻图像的视角不变，后一时刻图像的视角等间隔变化。每个步骤中前一时刻包含 3 个角度，每个角度在后一时刻对应 52 张图像，训练集共包含 624 张图像，验证集和测试集各有 207 张图像。

数据集 2：真实彩色图像数据集。其使用的是机械装配体的彩色图像。合成数据集（数据集 1）具有方便高效的特点，但是合成图像过于理想化，不足以验证网络的实用性。通过建立真实彩色图像数据集训练 TABF 模型，能准确反映 TABF 模型的实际性能。机械装配体的真实彩色图像如图 4.18 所示。

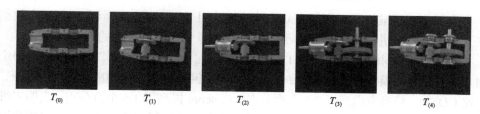

图 4.18 机械装配体的真实彩色图像

本节使用 RealSense 相机采集机械装配体的真实彩色图像，将相机位置固定，旋转减速器获得装配体的多视角图像。数据集选取的原则和深度图像的相一致，训练集中前一时刻包含 3 个角度，每个角度在后一时刻对应 15 张图像。数据集中训练集包含 180 张图像，验证集和测试集各有 88 张图像。由于机械装配体的真实彩色图像数量不多，数据集的标签使用图像处理软件进行标记。图 4.19 为机械装配体的真实彩色图像及其人工标注图像。

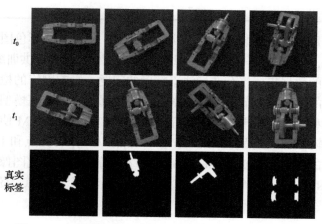

图 4.19 机械装配体的真实彩色图像及其人工标注图像

4.2.3 实验环境和指标选取

实验环境如下：CPU 为 Intel Core i7-9700，内存为 32GB，显卡为 NVIDIA GeForce RTX 2060，显存为 6144MB，Ubuntu 18.04.4 LTS 操作系统，采用 PyTorch

深度学习框架,并用 Python 语言编写网络程序。

为了客观评价变化检测的结果,使用精确率(Pr)、召回率(Re)和 F_1-score 作为精度评价的指标。

4.2.4 实验结果与分析

1. 消融实验

为了验证三维注意力模块和双边滤波模块对 TABF 模型的影响,在 2 个数据集上分别对网络进行评估,观察不同模块对图像变化检测结果的影响。

表 4.6 为不同模块在数据集 1 上的实验结果。从实验数据可以看出,在网络中加入三维注意力模块(记为 CDNet+SimAM)后,网络能够关注到更多的细节特征,对比 CDNet,精确率提高了 2.6 个百分点,F_1-score 提高了 1.5 个百分点,表明三维注意力模块能够有效提高网络的性能;输出变化图像经过双边滤波过滤,可优化图像中变化零部件的边界,减少变化图像中的无关像素点,增加双边滤波后网络(记为 CDNet+BF)的各项指标比不加时均有提高,有效提高了图像变化检测的性能。

表 4.6 不同模块在数据集 1 上的实验结果 (单位:%)

模块	精确率	召回率	F_1-score
CDNet	94.0	97.9	95.7
CDNet+SimAM	96.6	97.9	97.2
CDNet+BF	94.7	98.1	96.1

数据集 2 用的是机械装配体的真实彩色图像,由于真实彩色图像对应标签的标注较为复杂,本数据集只标注了少量真实彩色图像,所以可供训练的样本较少,而且人工标注的数据集标签存在标注不精确的问题,影响网络的检测精度。为了提高网络模型的性能,本节引入迁移学习,将数据集 1 的训练模型作为真实数据集的预训练模型。实验结果如表 4.7 所示,可见 CDNet+SimAM 使精确率、召回率和 F_1-score 较 CDNet 分别提高了 1.7 个百分点、0.4 个百分点和 1 个百分点,有效提升了模型的性能。CDNet+BF 能加速网络训练和消除变化图像中的噪声,使精确率较 CDNet 提高 2.2 个百分点,F_1-score 提高 1.4 个百分点,召回率也有小幅提高。

表 4.7 不同模块在数据集 2 上的实验结果 (单位:%)

模块	精确率	召回率	F_1-score
CDNet	94.1	95.5	94.7
CDNet+SimAM	95.8	95.9	95.7
CDNet+BF	96.3	95.9	96.1

综合上述实验结果可以看出，三维注意力和双边滤波模块在 2 个不同的数据集上都可以提高模型性能。对于合成数据集(数据集 1)，在模型中添加三维注意力模块后的指标要优于添加双边滤波模块后的评价指标。对于真实数据集(数据集 2)，添加双边滤波模块后的指标更优，这是由于真实图像含有噪声，双边滤波模块既可以优化零件的边界，也可以达到降噪的效果。真实数据集中图像的标签为手工标注，标注过程比较耗时，而且存在标注不精确的问题。引入迁移学习可在标签不精确、训练样本较少的情况下完成机械装配体的多视角变化检测，这有助于 TABF 模型在真实装配体图像变化检测中的应用。

2. 对比实验

为了验证 TABF 模型的有效性，将其与 STANet[80]和 SNUNet-CD[156]变化检测网络模型进行了比较，对比实验数据如表 4.8 所示。

表 4.8　不同模型下装配体图像变化检测对比实验结果　　　　（单位：%）

数据集	模型	精确率	召回率	F_1-score
数据集 1	STANet	88.5	95.0	91.6
	SNUNet-CD	95.0	94.1	94.5
	TABF	97.2	98.0	97.6
数据集 2	STANet	79.4	91.5	85.0
	SNUNet-CD	87.9	83.9	85.9
	TABF	96.4	95.8	96.1

从表 4.8 可以看出，TABF 模型在 2 个数据集上都有较好的表现，其中 F_1-score 都达到 96%以上。STANet 模型将图像分割成多尺度的子区域进行训练，在合成深度图像数据集(数据集 1)中 F_1-score 为 91.6%，在真实彩色图像数据集(数据集 2)中 F_1-score 仅为 85.0%。SNUNet-CD 模型通过编解码器的密集连接，减少深层定位信息丢失，在数据集 1 中的效果最优，F_1-score 达到 94.5%，但在数据集 2 中 F_1-score 仅为 85.9%。SNUNet-CD 和 STANet 模型在数据集 2 中的检测精确率都较低，原因为训练样本较少并且真实图像中包含噪声，标签标注不够准确。

图 4.20 为数据集 1 上不同模型的图像变化检测可视化效果图。与真实变化的标签图相比可以看出，TABF 模型能够精确检测出变化区域，STANet 模型对边缘细节特征的检测效果较差。SNUNet-CD 模型造成了图像信息丢失，在结果图中出现了无关像素点，影响了检测精确率。

图 4.21 为数据集 2 上不同模型的图像变化检测可视化效果图。从图中可以看

出，TABF 模型可以精确找出变化区域，检测出的变化零部件边界平滑，检测结果明显优于对比网络。STANet 模型检测出的变化图像中有黑洞，而且将非变化零部件检测为变化。SNUNet-CD 模型检测出的变化零部件不完整，而且没能有效消除图像中的噪声。

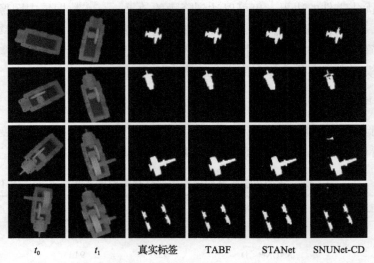

图 4.20　数据集 1 上不同模型的图像变化检测可视化效果图

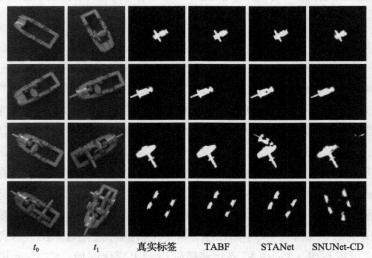

图 4.21　数据集 2 上不同模型的图像变化检测可视化效果图

通过对比实验可以得出，本节提出的 TABF 模型能够实现装配体深度图像和彩色图像的变化检测。在真实数据集的训练中，TABF 模型与迁移学习相结合，有效解决了标签不精确和训练样本不足的问题,能够满足实际应用。综合上述实验分析,TABF 模型具有较好的适用性,在 2 个不同的数据集中都能较好地实现机械装配体多视角变化检测。

4.3 基于深度学习的机械装配体零件多视角位姿估计方法

为实现工业场景中装配体零件位姿监测,有效判断零部件在空间坐标系中的位姿信息,防止因装配工序缺失及工人操作不当等造成零件装配位置错误,本节在前面机械装配体多视角变化检测方法的基础上,提出基于深度学习的机械装配体零件多视角位姿估计方法,制作机械装配体位姿估计数据集,并在此基础上开展对比实验分析。

4.3.1 机械装配体零件多视角位姿估计网络

基于深度学习的机械装配体零件多视角位姿估计流程如图 4.22 所示,共划分为 5 个步骤,分别为位姿估计数据集制作、当前视角输入、位姿估计学习、模型判断以及视角更新。具体来讲,首先制作位姿估计数据集,利用 RGB-D 相机在定位标识卡范围内采集装配体各零件不同视角下的彩色图像和深度图像,根据所有采集的深度图像合成各零件三维模型,获取旋转矩阵和偏移矩阵等信息;然后将数据集中某一视角的深度图像与彩色图像输入到位姿估计网络中,预测图像中每个点的位姿信息;模型根据数据集中真实的位姿信息判断置信度是否达到阈值,或者训练循环次数是否达到设定值,如果是,则保存当前视角的最优位姿参数并切换到下一视角图像,否则用旋转矩阵 R 和偏移矩阵 T 更新深度图像的位移和旋转变换,再次进行训练;数据集中所有图像全部训练完成,保存最终模型参数。上述位置姿态估计网络采用 DenseFusion 网络,接下来对其进行具体介绍。

4.3.2 DenseFusion 位姿估计网络

DenseFusion 网络[103]结构如图 4.23 所示。该网络首先分别裁剪 RGB 图像和深度图像中的目标对象,裁剪后 RGB 图像通过卷积神经网络获得颜色特征信息,裁剪后深度图像通过 PointNet 获得几何特征信息;然后利用对应点匹配算法融合颜色特征信息和几何特征信息,进行像素级别特征融合,采用位姿迭代细化算法将其映射到空间特征向量;最后用此空间特征向量进行位姿预测。这种像素级融合方法能够推断出零件的局部信息和几何信息,有效解决了零件遮挡问题。

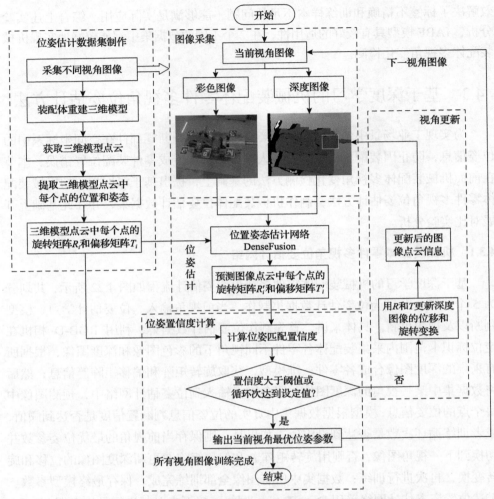

图 4.22　基于深度学习的机械装配体零件多视角位姿估计流程图

位姿估计网络模型首先根据其他视角拍摄图像保存的相机参数（旋转矩阵和偏转矩阵，即标准位姿参数），求得当前帧（或者是当前视角）的点云数据；然后将目标模型的点云数据按照标准位姿参数转换成其他视角的点云数据；最终对所有的点云数据都完成标准位姿变换。损失函数 Loss 定义如下：

$$L_i^p = \frac{1}{M}\sum_j \left\| (Rx_j + t) - (\hat{R}_i x_j + \hat{t}_i) \right\| \tag{4.14}$$

式中，M 为从目标点云中随机挑选出来的点云数量；x_j 为第 j 点云；$p = [R|t]$ 为真实位姿；$\hat{R}$、$\hat{t}$ 分别为经过网络预测得到的位姿。

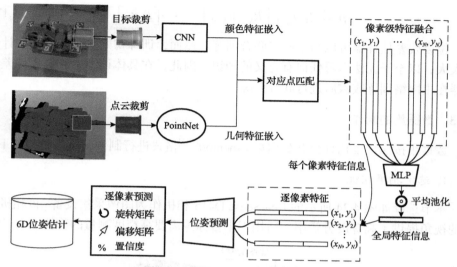

图 4.23 DenseFusion 网络结构图
MLP 为多层感知器 (multi-layer perceptron)

式 (4.14) 能够很好地表征网络对纹理性好、不对称物体的学习过程，但是机械装配体中多数都是对称、无纹理的零件，网络难以进行有效的训练学习。因此，针对对称、无纹理目标对象，本节损失函数改为估计模型方向上每个点与真实模型上最近点之间距离的最小值即

$$L_i^p = \frac{1}{M} \sum_j \min_{0<k<M} \left\| (Rx_j + t) - (\hat{R}_i x_k + \hat{t}_i) \right\| \tag{4.15}$$

式中，$Rx_j + t$ 是经过真实姿态得到的标准点云。用这个点云去和预测出来的预选点云进行距离做差，找到最小的一个。同时在每个像素计算 Loss 时添加一个权值 L 用来平衡每个像素预测位姿的置信度 c_i，权值 L 定义如下：

$$L = \frac{1}{N} \sum_i \left(L_i^p c_i - \omega \ln c_i \right) \tag{4.16}$$

式中，N 为从目标模型随机选取点云的数目；ω 为超参数。置信度越大，惩罚项也会越大，结合参数 ω，可以让整体损失保持单调递减的状态，将具有最高置信度的位姿估计作为最终输出。

位姿迭代细化算法的目标是使网络能够以迭代的方式校正自身的位姿估计误差。本节训练了一个专用的位姿残差估计器对给定初始位姿估计的主网络进行优化，在每一次迭代中，位姿残差估计器重复使用主网络中嵌入的图像特征，并为新转换的点云计算几何特征进行密集融合。在 K 次迭代之后，算法将每次迭代的位姿估计串联作为最终位姿估计：

$$\hat{p} = [R_K | t_K] \cdot [R_{K-1} | t_{K-1}] \cdot \cdots \cdot [R_0 | t_0] \tag{4.17}$$

位姿残差估计器可以与主网络联合训练。然而，训练初始阶段的位姿估计误差太大，以至于无法学习任何有意义的知识。因此，在具体训练中，位姿残差估计器在主网络训练收敛后进行联合训练。

4.3.3 数据集的制作

数据集按照位姿估计公共数据集 Linemod[102] 格式进行制作，具体过程如下。

1. 选定拍摄相机

本节选择如图 4.24 所示的 RealSense D415 相机作为图像采集设备。该相机稍小的视角提供了高深度分辨率，适用于小目标等需要高精度测量的物体。

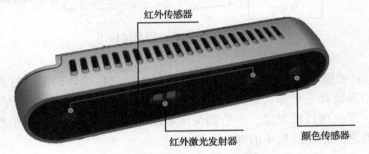

图 4.24　RealSense D415 相机

2. 选定目标装配体

以锥齿轮二级减速器为目标装配体，其中选择轴、大锥齿轮、大直齿轮、轴承、轴上齿轮、小锥齿轮和轴套为减速器装配体的 7 个零件，实物如图 4.25 所示。

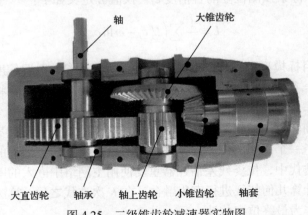

图 4.25　二级锥齿轮减速器实物图

3. 多视角拍摄

首先,在机械装配体周围均匀布置定位标识卡,这些标识卡有助于精确定位机械装配体空间坐标。然后,选择定位标识卡水平面为基准面,垂直于水平面且向上的方向为正方向,设定相机拍摄角度范围为 0~80°。最后,围绕机械装配体进行360°旋转拍摄,每帧保存一张图像,本阶段共采集彩色图像和深度图像各1777张,同时保存相机的内部参数。位姿估计数据集多视角拍摄场景如图 4.26 所示。

图 4.26　位姿估计数据集多视角拍摄场景图

4. 模型重建

首先,按指定间隔计算所采集图像每帧之间的转换矩阵,并以数组格式文件保存。然后,对该文件场景注册,转换为注册点云,转换结果如图 4.27(a) 所示。进而使用 MeshLab 软件对注册点云进行裁剪,去除注册点云中场景噪声。在仅包含目标对象点云场景后,再次使用 MeshLab 软件连接点云数据,每个点连接周围最近点,连接的整体数据以曲面形式生成三维模型。以轴套为例,生成的三维模型如图 4.27(b) 所示。

(a) 注册点云　　　　　　　　(b) 轴套三维模型

图 4.27　位姿估计数据集模型重建示意图

5. 制作位姿估计数据集

根据零件三维模型在每张图像中的位置，建立投影分割掩码图像，同时获取零件三维模型中点云的标准旋转矩阵和偏移矩阵等位姿标签。机械装配体位姿估计数据集主要包含彩色图像、深度图像、位姿标签以及其他所需文件，如相机参数文件等。

4.3.4 实验环境与指标选取

1. 实验平台搭建和评价指标

实验环境如下：CPU 为 Intel Core i7-9700，内存为 32GB，显卡为 NVIDIA GeForce RTX 2060，显存为 6144MB，Ubuntu 18.04.4 LTS 操作系统，采用 PyTorch 深度学习框架，并用 Python 语言编写网络程序。

由于机械零部件多为对称形状，为评估本节方法性能，采用三维平均最近点距离误差(Add-S)[103]作为评价指标。该指标是指模糊度不变的姿态误差度量，其将对称和非对称目标对象两者兼顾到整体评估中。给定预测位姿 $[\hat{R}|\hat{t}]$ 和真实标签位姿 $[R|t]$，计算从 $[\hat{R}|\hat{t}]$ 的每个三维模型点云到 $[R|t]$ 的目标模型上与其最近邻点的平均距离误差。

2. 模型设置

由于实验目的是多视角装配过程位姿估计，在网络参数设置时数据集中图像大小(Image_size)为 640×480 像素，初始学习率(Learning_rate)为 0.001，共设置 100 个 Epoch，批尺寸(Batch_size)设置为 32。网络参数设置如表 4.9 所示。

表 4.9　网络参数设置

参数	Image_size	Learning_rate	Epoch	Batch_size
取值	640×480 像素	0.001	100	32

4.3.5 实验结果与分析

1. DenseFusion 网络实验结果与分析

DenseFusion 网络在本节制作的机械装配体位姿估计数据集上的测试结果如表 4.10 所示。可以发现在数据集 7 个零件中，位姿估计 Add-S 均在 90%以上。其中最好的是轴套零件，达到了 97.02%，而较差的为轴零件，仅为 92.69%，这种差异主要是零件的遮挡问题所导致。轴套几乎在各个视角下均可以看到，所以位姿估计的精度高一些。轴零件主要位于各类齿轮和轴承内部，轴的较大部分在某一视角下被遮挡严重,导致位姿估计的精度较低。此外,小锥齿轮的位姿估计 Add-S 为 93.05%,精度也略低一些,这主要是由于小锥齿轮零件尺寸较小,同时处于装配体中间位置,同样存在遮挡问题,所以精度也略低。

表 4.10　DenseFusion 网络在机械装配体位姿估计数据集上的测试结果　　（单位：%）

零件	轴	大锥齿轮	大直齿轮	轴承	轴上齿轮	小锥齿轮	轴套
Add-S	92.69	94.37	96.56	94.19	95.91	93.05	97.02

为了评价位姿估计的性能,上述实验均采用数据集中的图像,图像中带有定位标识卡。为了更加清晰地展示表中数据结果,实验还采集了少量未带标识卡定位的装配体图像。实验采用训练后的最优网络模型参数,输入未带有标识卡定位的装配体图像,并将位姿估计结果可视化。以零件大锥齿轮为例,结果如图 4.28 所示,可以看出网络预测的结果较为准确,大锥齿轮零件绝大部分均能被网络所预测。

图 4.28　DenseFusion 网络测试结果可视化效果图

2. 对比实验结果与分析

为了验证装配体位姿估计数据集的可靠性,本节将 DenseFusion 网络与 PVNet[102]网络进行了对比。PVNet 网络采用基于密集投票的方法实现目标对象位姿估计,网络模型参数设置与表 4.9 中相同。在网络性能评价指标方面,本节在 Add-S 基础上增加了二维投影误差度量指标 2D-P[102],用来计算给定位姿预测值的三维模型投影与真实标签位姿之间的平均距离误差。

测试结果如表 4.11 所示,可以看出 PVNet 网络仅轴套零件的 Add-S 达到了 98.82%,其余零件均比 DenseFusion 网络结果略低一些。从数据上可以得出, DenseFusion 网络采用像素级融合方法,能够较好地推断出零件的局部外观和几何信息,有效地处理零件的遮挡问题,并且其采用的位姿迭代细化算法能对初始预测位姿进行迭代提炼,使网络模型的性能有一定提升。而 PVNet 位姿估计网络采用基于关键点的投票方法,其选取的关键点具有一定随机性,导致网络模型在不同视角下容易出现计算误差。

表 4.11　PVNet 位姿估计网络的测试结果　　　　　　　　（单位：%）

零件	轴	大锥齿轮	大直齿轮	轴承	轴上齿轮	小锥齿轮	轴套
Add-S	86.62	89.58	91.32	90.76	92.37	87.71	98.82
2D-P	93.37	96.52	98.85	96.45	97.78	95.92	99.16

PVNet 位姿估计网络测试可视化结果如图 4.29 所示。其中图(a)和(b)为在数据集中的测试结果，可以看出真实包围盒与预测包围盒间存在一定误差。图(c)和(d)为新采集的未带标识卡定位的装配体图像预测结果，关键点投票散乱地分布在零件表面。整体来看，关键点所在位置整体一致，位姿估计精度达到实际应用要求。

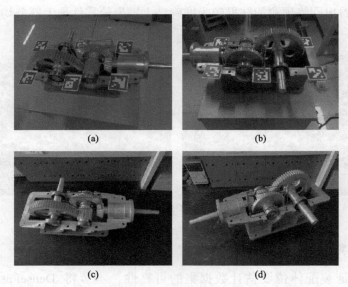

图 4.29　PVNet 位姿估计网络测试可视化示意图

4.4　本章小结

为有效监测机械产品装配过程，及时检测新装配零部件位置与姿态是否正确，提高机械产品的质量和装配效率，本章研究了基于深度学习的机械装配体多视角变化检测与位姿估计方法：提出了基于图像的多视角变化检测方法，以监测装配过程中的零部件变化；提出了基于位姿估计的机械装配体姿态监测方法，以判断零部件在空间坐标系中的姿态信息。

第5章 基于Transformer的机械装配体多视角变化检测与装配顺序监测

Transformer在特征提取方面有突出的表征能力，在深度学习中的应用也越来越广泛。为提高装配体多视角变化检测的性能，本章将Transformer引入机械装配体多视角变化检测中，研究基于Transformer的机械装配体多视角变化检测方法与装配顺序监测方法。

5.1 基于深度可分离卷积的特征融合和特征细化的机械装配体多视角变化检测方法

受感受野的限制，基于卷积神经网络的变化检测方法难以对语义变化建立大范围的联系，为此，本节提出基于深度可分离卷积的特征融合和特征细化(feature fusion and feature refinement with depthwise separable convolution，FFR-DSC)的机械装配体多视角变化检测方法，将Transformer与变化检测网络结合以提高变化检测网络的特征提取能力，使用深度可分离卷积以降低网络的参数量。

5.1.1 基于深度可分离卷积的特征融合和特征细化的多视角变化检测网络

本节在双时图像变换(bitemporal image transformer，BIT)网络[157]基础上，提出了FFR-DSC模型，利用图像监测装配体零件变化。FFR-DSC模型结构如图5.1

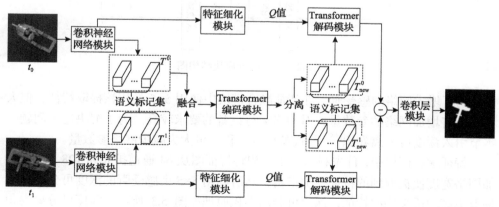

图5.1 FFR-DSC模型结构图

所示,共包含五个模块:卷积神经网络模块、特征细化模块、Transformer编码模块、Transformer解码模块和卷积层模块。FFR-DSC模型的输入为t_0和t_1时刻两个不同视角的图像,利用卷积神经网络模块分别提取两个时刻图像的语义特征,将提取的特征转化为语义标记集T^0和T^1,T^0和T^1经融合后传输给Transformer编码模块编码,再分割得到新的语义标记集T^0_{new}和T^1_{new},分别传输给Transformer解码模块解码,同时将卷积神经网络模块提取的特征经特征细化模块进行特征细化,再将Q值传输给Transformer解码模块,解码后的特征作差生成差异图像,最后经卷积层模块输出变化图像,得到装配体图像上的变化零部件。

为了提高FFR-DSC模型的变化检测性能,本节在卷积神经网络模块中添加特征融合模块,将浅层特征和深层特征融合,以增强图像特征;设计特征细化模块,将卷积神经网络模块提取的特征再进行提取,使Transformer解码模块的Q值更为精确;在特征融合结构和特征细化模块中使用5×5的大卷积核以增加网络感受野,并使用深度可分离卷积以降低参数量。下面将对特征融合结构和特征细化模块详细介绍。

1. 特征融合模块

卷积神经网络模块选用的是ResNet18[133]。随着卷积层数的加深,卷积神经网络浅层提取到的图像特征丢失愈发严重。为了减少图像特征的丢失,本节设计了一种特征融合结构,如图5.2所示。将ResNet残差模块1的输入经过卷积后和ResNet残差模块3的输出融合,通过增加网络的特征来有效提高网络的性能。

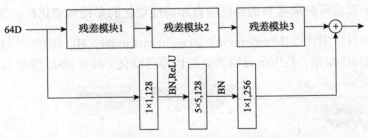

图5.2 特征融合模块结构图

为了增大网络的感受野,在特征融合模块中使用5×5卷积核提取特征,但大卷积核将增加网络的参数量,对网络运行设备的要求较高。为了解决这一问题,本节引入深度可分离卷积[158,159]代替标准卷积,可大大减少网络参数量。

特征融合模块中,首先利用1×1卷积将特征图从64通道扩充为128通道,增加网络宽度使提取到的特征更加丰富;然后利用5×5大感受野的深度可分离卷积提取更高的语义层次特征,深度可分离卷积原理如图5.3所示。深度可分离卷积包括深度卷积和逐点卷积两部分。深度卷积是对输入进行逐通道卷积，缺点是不能改变输出通道数，而且会忽略各通道之间的信息融合；逐点卷积实际是卷积核为 1×1 的标准卷积，将深度卷积输出通道之间的特征信息融合。在特征融合结构中加入 BN 层提高网络的泛化能力，使用 ReLU 激活函数提高网络非线性表达能力。

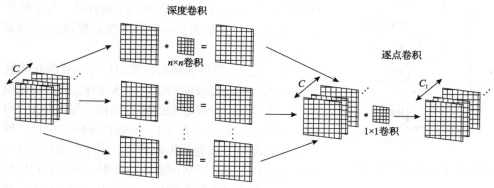

图 5.3　深度可分离卷积原理图[160]

将 $M×M×C$ 的特征图输入到 $K×K×C_1$ 的卷积核进行卷积。当步长为 1 时，标准卷积的参数量 W 和深度可分离卷积的参数量 W_d 分别为

$$W = K \times K \times C \times C_1 \tag{5.1}$$

$$W_d = K \times K \times C + C \times C_1 \tag{5.2}$$

参数减少系数 F 为

$$F = \frac{W_d}{W} = \frac{1}{C_1} + \frac{1}{K^2} \tag{5.3}$$

从式(5.3)可以看出，深度可分离卷积的参数量仅为标准卷积的 $1/C_1+1/K^2$，这是由于标准卷积对所有输入通道同时卷积，深度可分离卷积先使用深度卷积逐通道卷积，然后使用逐点卷积建立各通道之间的特征信息，大大降低了参数量，降低了对运算平台性能的要求。在本节的特征融合模块中，深度可分离卷积的输入通道为 128，卷积核尺寸为 5×5，输出通道为 256，参数量 W_d=3968，标准卷积的参数量 W=819200，约为深度可分离卷积的 206 倍。因此，本节提出的特征融合模块能够在仅增加少量参数量的同时有效提升网络的性能。

2. 特征细化模块

本节使用基于 ViT 结构的 Transformer 编码和解码模块。多头注意力的 K(key) 值、V(value) 值是由 Transformer 编码模块得到的，Q(query) 值是卷积神经网络提取的特征，由于卷积神经网络只使用了 ResNet18 的 3 个残差模块，提取的图像特征不够精确，将会影响网络的性能。为了解决这一问题，本节设计了一个特征细化模块，结构如图 5.4 所示。

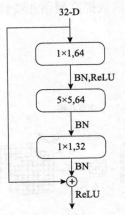

图 5.4 特征细化模块结构图

为了使 Q 值更加精确，使用特征细化模块将卷积神经网络模块提取的特征进一步细化。特征细化模块是一个深度可分离卷积的残差结构，首先使用 1×1 的卷积将通道数扩充为 64，增加特征图的信息；然后使用深度可分离卷积提取特征。深度卷积使用 5×5 的大卷积核，用来增加网络的感受野。添加卷积层细化特征，会使网络深度增加，为了防止梯度消失，使用跳跃连接将输入与卷积层的输出融合。特征细化模块通过对卷积神经网络输出的进一步处理，使 Q 值包含的特征更加精确，同时使用深度可分离卷积只会使网络增加少量参数，可以有效提高网络的性能。

5.1.2 数据集的制作

1. 装配体多视角变化检测数据集

由于缺少公开可用的机械装配体多视角变化检测数据集，本节以二级锥齿轮减速器的装配为例，制作机械装配体多视角变化检测数据集。为准确反映网络在实际装配中的性能，数据集使用的是机械装配体的彩色图像。减速器的装配过程如图 5.5 所示，将装配过程分为 $T_{(0)} \sim T_{(4)}$ 共 5 个节点，4 个装配步骤，每次装配一个零部件。

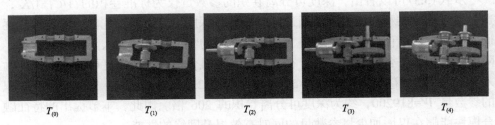

$T_{(0)}$　　　　$T_{(1)}$　　　　$T_{(2)}$　　　　$T_{(3)}$　　　　$T_{(4)}$

图 5.5 减速器装配过程示意图

机械装配体多视角变化检测数据集的制作过程如下：首先使用 RealSense D415 相机采集机械装配体的彩色图像，将相机位置固定，旋转减速器获得装配体的多视角图像，图像大小均为 256×256 像素。然后制作数据集标签，本节使用图像处理软件对装配体变化进行人工标记。最后将获取的图像进行划分，其中训练集包含 180 张图像，验证集和测试集各有 88 张图像。图 5.6 为多视角变化检测数据集标注示意图，保持前一时刻 t_0 的视角不变，后一时刻 t_1 的视角连续变化。

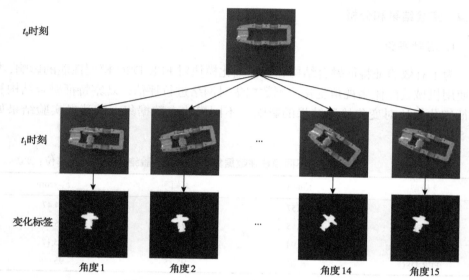

图 5.6　多视角变化检测数据集标注示意图

2. LEVIR-CD 数据集

为了准确检测 FFR-DSC 模型的性能，使用公共数据集 LEVIR-CD[80]对 FFR-DSC 模型进行测试。LEVIR-CD 数据集中含有分辨率为 1024×1024 像素的遥感建筑变化图像，训练集、验证集和测试集分别包含 445、64 和 128 张图像。将图像分割成分辨率为 256×256 像素的没有重叠的图像块，其中训练集图像为 7120 张，验证集为 1024 张，测试集为 2048 张。

5.1.3　实验环境与指标选取

1. 实验平台搭建

实验环境如下：CPU 为 Intel Xeon E5-2630，内存为 128GB，显卡为 NVIDIA TITAN Xp，显存为 12288MB，Ubuntu 18.04.4 LTS 操作系统，采用 PyTorch 深度学习框架，并用 Python 语言编写网络程序。数据集的图像尺寸为 256×256 像素，

训练 200 个 Epoch，学习率设置为 0.1，批尺寸（Batch_size）设置为 6。

2. 评价指标

变化检测网络得到的结果是一个二值图像，图像中的白色像素点代表发生变化的像素，黑色像素点代表未发生变化的像素。为了客观评价变化检测的结果，使用精确率、召回率和 F_1-score 作为精度评价的指标[161]。

5.1.4 实验结果和分析

1. 消融实验

为了有效验证特征融合结构和特征细化模块对 FFR-DSC 模型性能的影响，本节使用机械装配体多视角变化检测数据集对网络进行评估，观察特征融合结构和特征细化模块对变化检测结果的影响。不同模块在数据集上的消融实验结果如表 5.1 所示。

表 5.1　不同模块在数据集上的消融实验结果　　（单位：%）

模型	精确率	召回率	F_1-score
BIT	95.57	93.40	94.47
BIT+Fusion	96.55	94.02	95.27
BIT+Refinement	95.94	94.40	95.17
FFR-DSC	96.06	95.15	95.60

通过表 5.1 中的实验数据可以看出，在卷积神经网络模块中添加特征融合结构（Fusion）后，网络的各项评价指标均有提升，特征融合结构使精确率增加 0.98 个百分点，召回率增加 0.62 个百分点，F_1-score 提高了 0.8 个百分点，这表明特征融合结构能够有效提升网络的性能。将浅层网络提取的特征与深度特征相融合，有效缓解了因网络深度增加带来的浅层特征丢失问题。同时使用 5×5 的大卷积核，可以增加网络的感受野，使提取的特征中包含更多的局部特征和细节特征。

从表中的数据可以看出，特征细化模块（Refinement）使精确率提高 0.37 个百分点，召回率提高 1 个百分点，F_1-score 提高 0.7 个百分点。实验数据表明，特征细化模块能够提取到更为精细的特征，有效提高网络的性能。

本节提出的 FFR-DSC 模型在 BIT 网络中添加特征融合结构和特征细化模块，精确率提高 0.49 个百分点，召回率提高 1.75 个百分点，F_1-score 提高 1.13 个百分点，达到 95.60%，可见特征融合结构和深度特征细化模块能够有效提升网络的性能。

图 5.7 为 BIT 和 FFR-DSC 模型的训练曲线图，图(a)和(b)分别为训练集和验

证集的 F_1-score 曲线图，图(c)和(d)分别为训练集和验证集的 Loss 曲线图。分析曲线图可以得出，FFR-DSC 模型的 F_1-score 提升更快，并且训练曲线更为平滑；Loss 的值能降得更低，并且曲线更为平滑，能够较好地收敛。

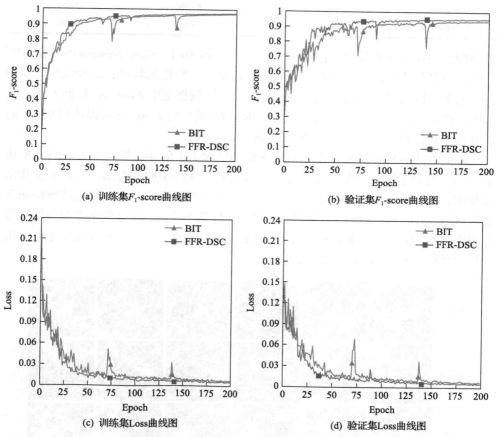

图 5.7 BIT 与 FFR-DSC 模型的训练曲线图

消融实验的结果表明，特征融合结构通过缓解因网络深度增加带来的浅层特征丢失问题，改善了网络的性能。特征细化模块通过将卷积神经网络的特征细化，使 Transformer 解码更加精确。因此，FFR-DSC 模型有效且性能更优。

2. 对比实验

为了进一步验证 FFR-DSC 模型的有效性与性能，在装配体多视角变化检测数据集上和其他变化检测网络进行对比，对比实验结果如表 5.2 所示。

DR-TANet[162]是一种动态感受性时间注意模型，在不同的时间注意层使用不同的感受野，有利于获取到更多的邻域相似度，提高变化检测性能，该网络在机

表 5.2 对比实验结果 （单位：%）

模型	精确率	召回率	F_1-score
DR-TANet	81.63	88.19	83.16
Siam-NestedUNet	89.59	83.98	86.69
FFR-DSC	96.06	95.15	95.60

械装配体多视角变化检测数据集中 F_1-score 为 83.16%。Siam-NestedUNet 模型[81]在编解码结构中使用密集连接，有利于提取更为细粒度的特征，减少深层定位信息的丢失，该网络在机械装配体多视角变化检测数据集中 F_1-score 为 86.69%。从表 5.2 中的数据可以得出，本节提出的 FFR-DSC 模型的 F_1-score 可以达到 95.60%，明显高于对比网络，证明了 FFR-DSC 模型的有效性。

不同方法在机械装配体多视角变化检测数据集上的变化检测结果如图 5.8 所示，图中展示了四个装配步骤的变化检测结果。从图中能够看出，和真实变化结果相比，DR-TANet 模型的变化检测结果出现无关像素点，将非变化区域检测为变化区域；Siam-NestedUNet 模型的变化区域检测不完整，而且变化零部件的边缘检测能力有待提高；FFR-DSC 模型能够精确定位出变化区域，较为完整地分割出变化零部件，有较好的变化检测效果。

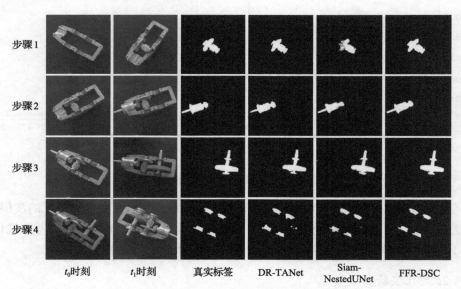

图 5.8 不同方法多视角变化检测结果

图 5.9 为不同方法在同一装配步骤多视角下的变化检测结果。选择的是装配体第三个装配步骤，选取 5 个变化角度。和真实变化结果相比，DR-TANet 模型的变化检测结果中出现了较多的无关像素点；Siam-NestedUNet 模型检测出的变化

区域不完整，边缘细节处理不精确；FFR-DSC 模型在多视角变化的图像中仍能有较好的变化检测效果。

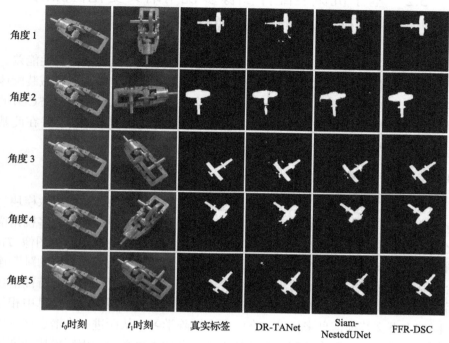

图 5.9　不同方法在同一装配步骤多视角下的变化检测结果

为了更加准确地反映网络的实际性能，使用公共数据集 LEVIR-CD 对网络进行测试。为了保证实验参数和 BIT 网络相同，学习率调整为 0.01，实验结果如表 5.3 所示。

表 5.3　LEVIR-CD 数据集实验结果　　　　　　　（单位：%）

模型	精确率	召回率	F_1-score
BIT	89.24	89.37	89.31
FFR-DSC	92.88	87.52	90.12

表 5.3 中的实验结果表明，FFR-DSC 模型在 LEVIR-CD 数据集上 F_1-score 达到 90.12%，和 BIT 网络相比提高了 0.81 个百分点。FFR-DSC 模型在公共数据集上依然有较好的效果，有效证明了 FFR-DSC 模型的适用性。

通过消融实验和对比实验可以得出，FFR-DSC 模型在装配体多视角变化检测数据集上取得了较好的变化检测效果，能够实现机械装配体的多视角变化检测；FFR-DSC 模型在公共数据集 LEVIR-CD 上 F_1-score 也有提升，证明了该网络的适用性。

5.2 基于机械装配体图像多视角语义变化检测的装配顺序监测方法

针对工业场景机械装配体多视角变化检测中小零件目标对象检测性能差、边缘像素处理不佳以及检测结果缺乏语义信息等问题，本节提出基于机械装配体图像多视角语义变化检测（multi perspective semantic change detection，MPSCD）的装配顺序监测方法，制作三类机械装配体多视角语义变化检测数据集，并在此基础上开展实验分析和验证。

5.2.1 装配顺序监测方法

MPSCD 模型结构如图 5.10 所示，包括数据集制作模块、特征提取模块、自注意力模块、语义步骤识别模块和度量模块。首先制作机械类装配体多视角语义变化检测数据集，特征提取模块提取装配过程中不同视角的前一时刻图像 T_1（基准图像）和后一时刻图像 T_2（待检测图像）的特征信息，引入一种密集的跳跃连接融合机制提升对细粒度特征的浅层信息权值，使网络具有更加丰富的特征信息；然后自注意力模块对提取的特征信息进行加权处理，充分利用输入信息中相邻位置之间的上下文特征信息来指导动态注意力矩阵学习，从而进一步增强计算机视觉特征表示能力；最后将处理后的特征信息分别输入语义步骤识别模块和度量模块，目的是检测装配前后零部件变化区域，在此基础上识别当前所处装配阶段，实现机械装配顺序监测。接下来将介绍模型中的各个模块，其中度量模块与 4.1 节中所述相同，不再叙述。

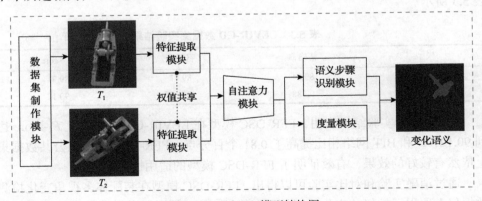

图 5.10 MPSCD 模型结构图

1. 特征提取模块

变化检测作为一种像素到像素的预测任务,对原始位置信息的利用很敏感。现有变化检测方法多侧重于深层特征提取,而忽略了高分辨率和细粒度特征等浅层信息的重要性,这往往导致检测结果边缘像素处理不佳以及小目标漏检等问题。为有效提高变化检测性能,本节从 SNUNet-CD[156]中受到启发,采用一种特征提取机制,通过编码模块和解码模块之间的密集跳跃连接融合特征信息,减少了神经网络定位信息丢失。

图 5.11 为特征提取模块结构示意图。为了保持高分辨率信息特征和细粒度的定位信息特征,该模块将浅层子解码模块中节点输出连接到深层子解码模块节点。例如,第一次下采样后,将得到的 $X_A^{1,0}$ 和 $X_B^{1,0}$ 输出进行特征级联,获得融合特征 $X^{1,0}$,当密集跳跃连接时,首先将融合特征 $X^{1,0}$ 与上采样得到的 $X^{1,1}$、$X^{1,2}$ 和 $X^{1,3}$ 分别连接,然后对上采样进行融合。设 $x^{i,j}$ 表示节点 $X^{i,j}$ 的输出,定义如下:

$$x^{i,j} = \begin{cases} P(H(x^{i-1,j})), & j=0 \\ H([x_A^{i,0}, x_B^{i,0}, u(x^{i+1,j-1})]), & j=1 \\ H([x_A^{i,0}, x_B^{i,0}, [x^{i,k}]_{k=1}^{j-1}, u(x^{i+1,j-1})]), & j>1 \end{cases} \tag{5.4}$$

式中,函数 $H(\cdot)$ 表示卷积块操作;函数 $P(\cdot)$ 表示用于下采样的 2×2 最大池化操作;函数 $u(\cdot)$ 表示使用转置卷积的上采样;[·]表示通道维度上的连接,旨在融合特征

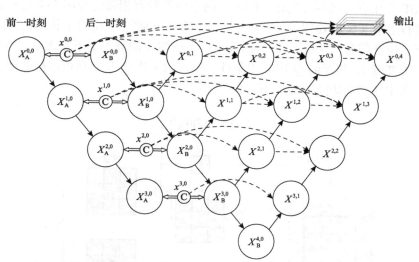

图 5.11 特征提取模块结构示意图

信息。当 j=0 时,编码模块下采样并提取特征;当 j>0 时,密集跳跃连接机制开始工作,将编码模块中的细粒度特征依次传输到深度解码器。特征提取模块可以保持高分辨率和细粒度特性表示,有效缓解检测结果边缘像素处理不佳以及小目标检测失误等问题。

2. 自注意力模块

本节研究了一种融合上下文特征信息的自注意力模块 CoT(contextual transformer)[163],该模块能够充分利用输入信息中相邻位置之间的上下文特征信息来指导动态注意力矩阵学习,从而进一步增强计算机视觉特征表示能力,进而提升网络的监测性能。图 5.12 为传统自注意力机制与 CoT 自注意力机制对比示意图。传统自注意力机制仅利用孤立的 Q-K 对计算注意力矩阵,未充分利用键 K 之间丰富的上下文特征信息。相反,CoT 自注意力机制首先通过 3×3 卷积进行上下文编码,挖掘键之间的静态上下文特征信息,从而产生静态上下文键(K);然后根据查询(Q)和静态上下文键之间的相互关系,在静态上下文键的指导下利用两个连续的 1×1 卷积来执行自注意,学习动态多头注意力矩阵;进而将学习到的注意力矩阵用于聚合所有输入值,从而实现动态上下文特征信息表示;最后将静态上下文特征信息和动态上下文特征信息融合输出。总之,CoT 自注意力机制能够同时捕获输入键之间的两种空间上下文特征,即通过 3×3 卷积的静态上下文特征信息和基于上下文自注意力的动态上下文特征信息,以促进视觉表示学习。

CoT 自注意力机制详细结构如图 5.13 所示。当有输入信息特征图 $X \in \mathbf{R}^{H \times W \times C}$ 时,CoT 自注意力机制首先在空间上对网格内的所有相邻键使用 $k \times k$ 卷积,对每个键进行上下文关联处理,学习到的上下文键 $K^1 \in \mathbf{R}^{H \times W \times C}$ 反映了相邻键之间的静态上下文特征信息,并将 K^1 作为输入信息特征图 X 的静态上下文表示。然后,以静态上下文键 K^1 和查询 Q 串联为条件,通过两个连续 1×1 卷积加权处理注意力矩阵。其中注意力矩阵定义如下:

$$A = [K^1, Q]W_\theta W_\delta \tag{5.5}$$

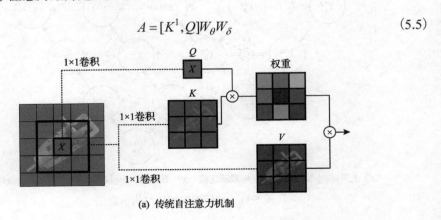

(a) 传统自注意力机制

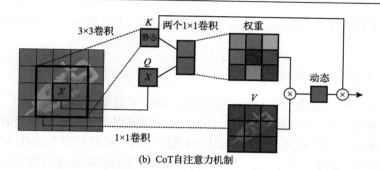

(b) CoT自注意力机制

图 5.12 传统自注意力机制与 CoT 自注意力机制对比示意图

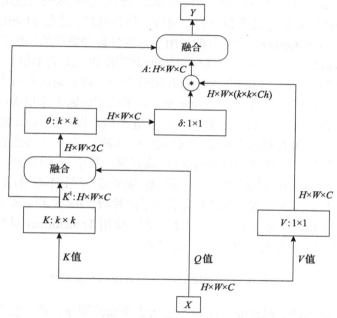

图 5.13 CoT 自注意力机制详细结构示意图

式中，W_θ 有 ReLU 激活函数，而 W_δ 无激活函数。换言之，对于 A 中每个空间位置的局部注意力矩阵，是基于查询 Q 特征和上下文键 K 特征进行学习，而不是孤立的 Q-K 对。这种方式在挖掘静态上下文键 K^1 的额外指导下增强了自注意力学习。最后，根据上下文的注意力矩阵 A，通过聚合所有 V 值来计算注意力特征图 Y：

$$Y = V * A \tag{5.6}$$

鉴于注意力特征图 Y 捕捉输入之间的动态交互特征信息，将 Y 定义为输入的动态上下文特征信息表示。这种方式能够挖掘动态上下文特征信息的自注意力学习，很好地将上下文信息和自我注意学习统一到一个架构中，从而增强了视觉表示的能力。

3. 语义步骤识别模块

本节在装配二分类变化检测的基础上，提出了语义步骤识别模块。该模块不仅能够检测装配前后零部件的变化区域，而且能够识别变化零部件当前所处装配阶段，实现装配顺序监测。语义步骤识别模块引入一种轻量级 Mobile ViT[164]，使用 Transformer 处理全局信息，即将 Transformer 作为卷积处理图像特征信息。语义步骤识别模块结构示意图如图 5.14 所示，它有效地将局部信息和全局信息编码在一个张量中，结合了卷积神经网络和 Transformer 的优势。该模块使用 Transformer 将卷积中的局部特征信息处理替换为全局特征信息处理，这使 Mobile ViT 具有卷积神经网络和 Transformer 属性，有助于用更少的参数和简单的训练样本来学习更好的特征表示信息。图中 MV 2 指 MobileNetv2[165]模块，↓2 表示执行下采样处理。

在具体操作过程中，Mobile ViT 旨在用较少的参数对输入张量中的局部信息和全局信息进行建模。形式上，Mobile ViT 对于给定的输入张量 $X \in \mathbf{R}^{H \times W \times C}$，应用一个 $n \times n$ 标准卷积层，后跟一个 1×1 逐点卷积层，以产生 $X_L \in \mathbf{R}^{H \times W \times d}$ 的特征向量。其中 $n \times n$ 标准卷积层对局部空间信息进行编码，而 1×1 逐点卷积通过学习输入通道的线性组合，将张量投影到高维（或 d 维，其中 $d>C$）空间。为了能够学习具有空间归纳偏差的全局位置表示，将 X_L 展开成 N 个不重叠的平面片 $X_U \in \mathbf{R}^{P \times N \times d}$，这里 $P = w \times h$，$N = HW/P$ 表示为平面片数，$h \leqslant N$ 和 $w \leqslant N$ 分别为平面片的高度和宽度范围。对于每个 $p \in \{1,2,\cdots,P\}$，应用 Transformer 对平面片之间的关系进行编码，以获得 $X_G \in \mathbf{R}^{P \times N \times d}$，$X_G$ 定义为

$$X_G(p) = \mathrm{Transformer}(X_U(p)), \ 1 \leqslant p \leqslant P \tag{5.7}$$

与传统方法不同，Mobile ViT 既不会丢失平面片顺序，也不会丢失每个平面片内像素的空间顺序，因此可以折叠 $X_G \in \mathbf{R}^{P \times N \times d}$ 以获得 $X_F \in \mathbf{R}^{H \times W \times d}$；之后使用逐点卷积将 X_F 投影到低 C 维空间，并通过级联操作与输入值 X 组合；然后使用另一个 $n \times n$ 卷积层来融合级联张量中的局部特征和全局特征。Mobile ViT 中每个像素都可以对 X 中所有像素的信息进行编码，因此其整体有效感受野为 $W \times H$。图 5.15 为 Mobile ViT 编码方式示意图，黑色像素使用 Transformer 处理白色像素（其他平面片中相应位置的像素），而白色像素已经使用卷积对相邻像素的信息进行编码，所以允许黑色像素对来自图像中所有像素的信息进行编码，学习更多的特征表示信息。

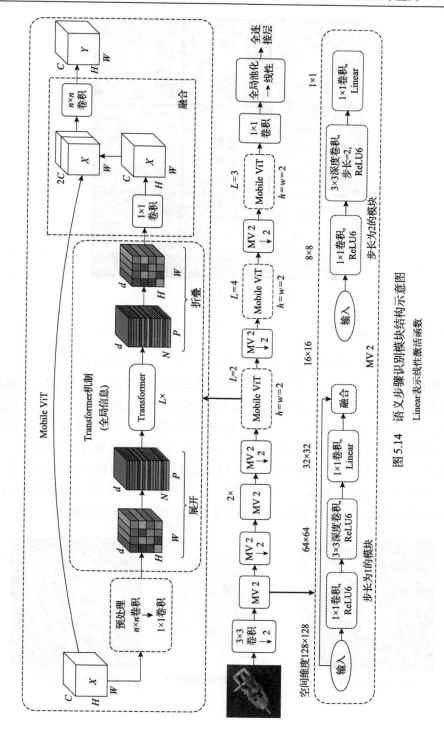

图 5.14 语义步骤识别模块结构示意图
Linear表示线性激活函数

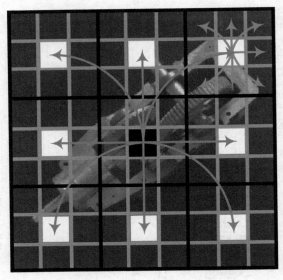

图 5.15 Mobile ViT 编码方式示意图

5.2.2 数据集的制作

本节制作了 3 个多视角语义变化检测数据集,具体制作过程如下。

数据集 1:4 个装配步骤的合成深度图像数据集。图 5.16 为数据集 1 制作过程示意图。首先,根据真实场景装配体尺寸(图 5.16(a))通过 SolidWorks 软件建立机械装配体模型(图 5.16(b)),将装配体模型划分为 4 个装配步骤,然后依次将每个装配步骤的模型导入 3ds Max 软件,标记各零件颜色标签(图 5.16(c)),同时设置 OSG 世界坐标系原点并导出为 ive 格式文件,再将该文件导入编写的合成图像拍摄软件,从不同的角度采集深度图像和颜色标签图像(图 5.16(d)和图 5.16(e)),最后提取图像中对应的颜色标签改成语义变化标签图像(图 5.16(f))。

(a) 真实场景装配体

(b) 机械装配体模型

(c) ive 格式文件制作

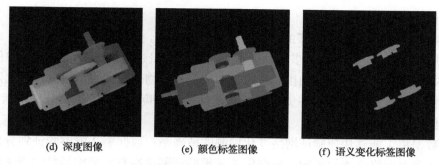

(d) 深度图像   (e) 颜色标签图像   (f) 语义变化标签图像

图 5.16 数据集 1 制作过程示意图

图 5.17 为数据集 1 装配步骤多视角语义变化示意图，包括前一时刻固定某一视角、后一时刻等角度选取深度图像，以及对应后一时刻语义变化标签图。数据集 1 中训练集共包括 624 张图像，验证集与测试集分别包括 207 张图像。

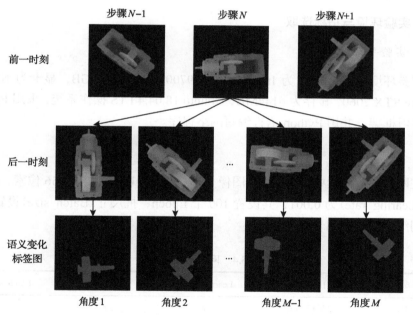

图 5.17 数据集 1 装配步骤多视角语义变化示意图

数据集 2：16 个装配步骤的合成深度图像数据集。数据集 2 主要判断划分多个装配步骤对网络性能的影响，因此该数据集的装配步骤划分较多，与实际场景中的装配过程有所差别，在此特以说明。数据集 2 采用数据集 1 的制作方法，其中将装配步骤划分为 16 步，每个装配步骤合成 619 张深度图像，共合成 10523 张图像。数据集 2 中训练集共包括 1728 张图像，验证集共包括 192 张图像，测试集共包括 640 张图像。

数据集 3：4 个装配步骤的真实物理图像数据集。数据集 3 按照数据集 1 中的装配顺序划分为 4 个装配步骤，模拟真实装配场景进行装配。装配过程中使用 RealSense D415 相机进行拍摄，获取真实装配过程物理图像，然后进行变化区域人工标注。数据集 3 中训练集共包括 800 张图像，验证集与测试集分别包括 120 张图像。

数据集 1 能够快速验证网络变化检测的精确率；数据集 2 能够验证划分多个装配步骤对网络性能的影响；数据集 3 能够验证网络在真实装配场景中变化检测的可行性。通过这 3 个数据集测试能够更好地验证本节所提方法的性能。这里需要说明的是，数据集 1 和数据集 2 采用合成深度图像，主要是因为合成图像较为简单，且便于标注变化标签。数据集 3 采用真实物理图像，主要是为了更接近真实装配环境，有效验证 MPSCD 模型在真实环境中检测性能。

5.2.3 实验环境与指标选取

1. 实验平台搭建

实验环境如下：CPU 为 Intel Core i7-9700，内存为 32GB，显卡为 NVIDIA GeForce RTX 2060，显存为 6144MB，Ubuntu 18.04.4 LTS 操作系统，采用 PyTorch 深度学习框架，并用 Python 语言编写网络程序。

2. 模型设置

在网络参数设置中，数据集中图像大小（Image_size）为 256×256 像素，初始学习率（Learing_rate）为 0.001，共设置 100 个 Epoch，批尺寸（Batch_size）设置为 2。各类网络参数设置如表 5.4 所示。

表 5.4 网络参数设置

参数	Image_size	Learning_rate	Epoch	Batch_size
取值	256×256 像素	0.001	100	2

3. 指标选取

对 MPSCD 模型与其他变化检测网络方法开展对比实验研究，以此验证 MPSCD 模型的性能，所有实验在均在本节所建立的 3 个数据集上进行，数据结果为测试集测试结果。由于评估指标 F_1-score 兼顾了模型的精确率和召回率，能够较为准确地反映真实值和预测值的相关性，本节主要关注 F_1-score。

5.2.4 实验对比的其他变化检测网络

1. 双注意力全卷积孪生网络模型

Chen 等[166]提出了一种双注意力全卷积孪生变化检测网络(dual attentive fully convolutional siamese network，DASNet)。该网络结构如图 5.18 所示，通过双注意力机制捕捉图像中长距离的依赖关系，以此获得更多的判别变化特征信息表示，用以提高网络模型的变化区域识别性能。此外，样本不平衡是变化检测中的一个严重问题，即不变的样本比变化的样本多得多，这是造成错误识别变化区域的主要原因之一。该网络利用加权双边缘对比损失函数(weighted double-margin contrastive Loss，WDMC Loss)解决这个问题，即惩罚对未改变的特征信息的提取关注，增加对发生改变的特征信息的提取关注，该损失函数增加了变化的特征对之间的距离，减少了未变化的特征对之间的距离，同时平衡了变化区域和未变化区域对网络的影响，从而提高了网络识别变化信息的性能和对假性变化的鲁棒性。

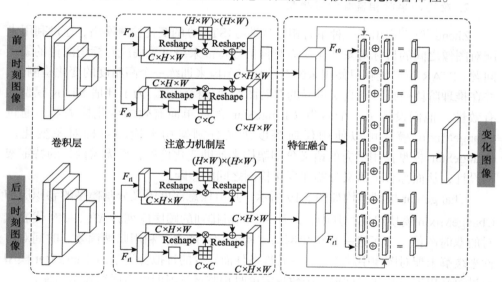

图 5.18 DASNet 模型结构示意图

上述加权双边缘对比损失函数 WDMC Loss 定义如下：

$$\text{WDMC Loss} = \sum_{i,j} \frac{1}{2} [w_1(1-y_{i,j})\max(d_{i,j}-m_1,0)^2 + w_2 y_{i,j} \max(d_{i,j}-m_2,0)^2] \quad (5.8)$$

式中，m_1 和 m_2 分别为图像中不变特征样本对和变化特征样本对的边际；w_1 和 w_2 分别为图像中不变特征对和变化特征对的权值。此外，将定义模型中未变化图像的特征图表示为 f_0，将模型中变化图像的特征图表示为 F_1-score，$d_{i,j}$ 是在 (i,j)

处 f_0 和 F_1-score 的特征向量之间距离，m 是变化特征对强制执行的边距，并且 $y_{i,j}$ ∈ {0, 1}，其中如果 $y_{i,j}$=0 则相应的像素对被认为是不变的，如果 $y_{i,j}$=1 则相应的像素对被认为是变化的。另外，w_1 和 w_2 分别定义如下：

$$w_1 = \frac{1}{P_U} \tag{5.9}$$

$$w_2 = \frac{1}{P_C} \tag{5.10}$$

式中，P_U 和 P_C 分别为不变化和变化像素对的频率。

通过设置不变样本对的边距，可以缓解网络训练过程中不变特征对和变化特征对之间惩罚的不平衡性；设置权值，可以减轻原始数据中未更改区域多于更改区域的影响。这些参数平衡了网络对变化区域和不变区域的兴趣。

2. 改进的单时相监督学习模型

Zheng 等[167]提出了一种单时相监督学习（STAR）的变化检测网络，通过利用未配对图像之间的目标对象变化作为监督信号特征来绕过采集成对标记图像的繁琐问题。STAR 模型能够只使用未配对的标记图像来训练一个高精度的变化检测器，并在推理阶段被推广到真实世界的双时图像变化检测中。为了评估 STAR 模型的有效性，他们设计了一个名为 ChangeStar 的简单而有效的变化检测器，通过 ChangeMixin 模块可以使用任何深度语义分割架构来检测目标对象变化。ChangeStar 模型使用优秀的语义分割架构来辅助变化检测，而无需额外的特定架构设计，从而弥合了语义分割和变化检测之间的差距。

ChangeStar 模型结构如图 5.19 所示，其由任意深度语义分割模型的卷积层和 ChangeMixin 模块组成，其中，π 为一个随机排列的顺序序列；X^{t_1}、X^{t_2} 代表成对的双时图像。为了进一步优化网络架构的学习能力，利用归纳偏差、时间对称性来缓解未配对图像中缺乏位置一致性条件而导致的过拟合问题，ChangeStar 模型通过语义损失函数和对称损失函数只需单时相监督学习即可实现端到端训练。

在训练过程中，将权值共享策略应用于语义分割模型和 ChangeMixin 模块。语义损失函数采用二元交叉熵损失 L_{binary} 对目标对象提供语义监督，L_{binary} 定义如下：

$$L_{binary}(p, y) = -y \ln p + (1-y)\ln(1-p) \tag{5.11}$$

式中，$y \in \{0, 1\}$ 表示真实类；$p \in [0, 1]$ 表示正类的预测概率。

二元变化检测的对称损失函数如下：

$$L_{\text{change}} = \frac{1}{2}(L_{\text{binary}}(F_\theta(X^{t_1}, \pi X^{t_1}), Y^{t_1} \oplus \pi Y^{t_1}) + L_{\text{binary}}(F_\theta(\pi X^{t_1}, X^{t_1}), Y^{t_1} \oplus \pi Y^{t_1}))$$

(5.12)

其中，伪双时图像对 X^{t_1}、πX^{t_1} 及其变化标签 $Y^{t_1} \oplus \pi Y^{t_1}$ 提供单时态监督，F_θ 表示目标对象变化检测器，上标 t_1 仅用于表示数据是单时态。对称损失函数具有由时间对称性提供的归纳偏差，它作为一个正则化用以缓解二元目标对象变化检测中的过拟合问题。

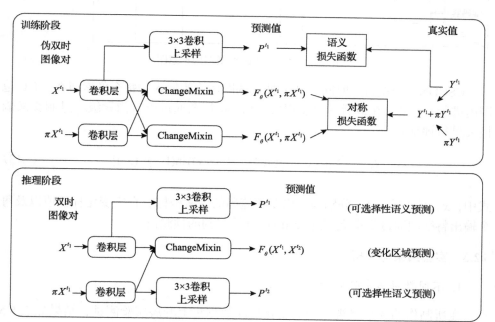

图 5.19 ChangeStar 模型结构示意图

在推理阶段，将双时图像对分别输入到卷积层，提取各自特征，并将特征一同输入到 ChangeMixin 模型，以预测图像的变化区域。

3. CSCDNet 模型

Sakurada 等[151]提出一种只有弱监督的相关孪生变化检测网络(correlated siamese change detection network，CSCDNet)模型。该网络结构如图 5.20 所示，采用基于 ResNet18 的孪生网络架构作为编码器，将从两个输入图像中提取的每个特征图都与每个解码器的输出融合，并馈送到下一层的解码器。此外，对于图像对视点差异较大的情况，本节将用于估计光流和立体匹配的相关层插入到 CSCDNet 模型架构中，能够有效地处理相机视点的差异。

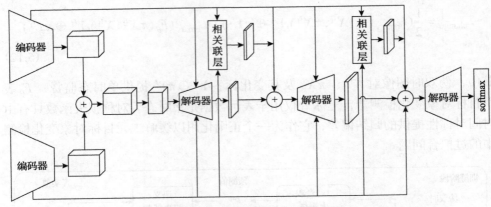

图 5.20　CSCDNet 模型结构示意图

CSCDNet 模型将在时间 t_1 和 t_2 捕获的图像作为输入，每个像素值在 $[-1,1]$ 范围内进行归一化。在最后一个卷积层之后，特征图通过以下像素级二进制交叉熵损失进行评估：

$$L_c = -\sum_x [t(x)\ln(p_c(x)) + (1-t(x))\ln(1-p_c(x))] \tag{5.13}$$

式中，x、$t(x)$ 和 $p_c(x)$ 分别为输出变化掩码的像素坐标、真实变化标签值以及每个输出特征图通过像素级别的 softmax 计算得到的预测值。

5.2.5　实验结果与分析

1. 不同数据集实验分析

在所制作的 3 个多视角语义变化检测数据集上开展实验测试，结果如表 5.5 所示。

表 5.5　MPSCD 模型在不同数据集上的测试结果　　　　（单位：%）

数据集	精确率	召回率	F_1-score
数据集 1	99.36	99.42	99.39
数据集 2	96.56	95.98	96.27
数据集 3	97.31	95.87	96.59
改动版数据集 3（权值迁移预训练策略）	96.62	96.05	96.32

从表中结果可以看出，数据集 1 上测试结果的 F_1-score 最高，达到 99.39%，这充分说明 MPSCD 模型的精度较高。数据集 2 中的 F_1-score 仍能达到 96.27%，相比于数据集 1 仅仅下降了 3.12 个百分点，可见将 4 个装配步骤拆分为 16 个装

配步骤对本节网络的性能影响有限。数据集 3 的 F_1-score 达到 96.59%，低于在数据集 1 的测试结果，但略高于数据集 2 的测试结果，充分说明了 MPSCD 模型不仅在深度图像中能够有效检测变化区域，在真实物理环境中同样能够达到较高水准。

在 3 类多视角语义变化检测数据集上的实验结果充分验证了本节所提方法能够有效检测出装配过程中的新装配零件变化区域。但是，数据集 3 制作过程中需要大量的人工标注，浪费人力物力，消耗大量时间。为了减少人工标注，本节将数据集 3 中的训练集由 800 张图像减少为 120 张，标记为改动版数据集 3。在改动版数据集 3 的实验中，MPSCD 模型采用数据集 1 上训练保存的权值，测试结果 F_1-score 仅为 25.68%。F_1-score 较低的主要原因是数据集 1 采用合成深度图像作为网络输入，而数据集 3 为真实物理图像，两类图像特征信息相差较大。

为有效提升网络精度，采用权值迁移预训练策略，将数据集 1 训练保存的权值作为预训练模型的初始化权值，在改动版数据集 3 上通过少量的训练集再次训练。如表 5.5 中"改动版数据集 3（权值迁移预训练策略）"测试结果所示，F_1-score 为 96.32%，略低于原始数据集 3 的 96.59%，但该方法采用少量真实物理图像，减少了繁琐的人工标注过程，实现从合成图像到真实物理图像的跨越，因此，本节所提方法具有一定的普适性。

图 5.21 为权值迁移预训练策略的评价指标曲线图。可以发现，无论是 F_1-score，

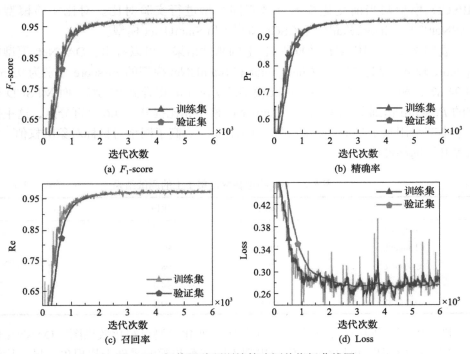

图 5.21　权值迁移预训练策略评价指标曲线图

还是精确率(Pr)或召回率(Re)，曲线都较为平滑，收敛速度较快。这主要是由于采用预训练策略，预训练权值对原始数据集已经保存了模型学习参数，当再次学习新的相似数据集时，能够在相对少的迭代次数下完成学习任务。预训练中 F_1-score 和精确率指标虽然相对于数据集 3 稍有下降，但是召回率相对于数据集 3 还略有提升，达到 96.05%，增加 0.18 个百分点。

不同数据集的语义步骤识别结果如表 5.6 所示，可以看出语义步骤识别中数据集 1 的精确率最高，达到了 97.68%；数据集 2 划分了过多的装配步骤，导致对一些相同零件出现误判，但精确率仍然达到了 89.53%；数据集 3 真实场景中语义步骤识别精确率也达到了 95% 以上，这充分证明本节所提方法在真实装配场景中的适用性。

表 5.6 不同数据集的语义步骤识别结果　　　　　　　　　　（单位：%）

数据集	数据集 1	数据集 2	数据集 3
精确率	97.68	89.53	95.87

2. 不同方法实验对比分析

为了验证本节所提方法的可靠性，在 3 类多视角语义变化检测数据集上将 MPSCD 模型与当前变化检测领域不同模型进行实验对比。对比实验模型有 DASNet[166]、ChangeStar[167]、CSCDNet[151] 和 SiamUNet 模型。

表 5.7 为不同模型在数据集 1 上的测试结果。可以看出，DASNet 模型的 F_1-score 较低，仅为 70.7%。ChangeStar 和 SiamUNet 模型的 F_1-score 分别为 93.5% 和 94.8%，相差并不大，CSCDNet 模型的 F_1-score 提升到 97.8%。而 MPSCD 模型的 F_1-score 达到了 99.4%，与 SiamUNet 模型相比提升了 4.6 个百分点，这主要由于本节采用基于 Transformer 的注意力机制，提高了网络对目标对象的权值，从而提升了网络性能。

表 5.7 不同模型在数据集 1 上的测试结果　　　　　　　　　（单位：%）

模型	精确率	召回率	F_1-score
DASNet	56.1	95.7	70.7
ChangeStar	91.3	95.9	93.5
CSCDNet	97.5	98.3	97.8
SiamUNet	97.3	94.0	94.8
MPSCD	99.4	99.4	99.4

图 5.22 为不同模型在数据集 1 上的图像变化检测可视化效果图。DASNet 模型虽然能够检测出变化区域，但会出现不同装配步骤的零件干扰现象，导致检测

出两个零件。ChangeStar 模型在装配步骤 $T_{(2)}$ 检测中出现缺失现象，而 CSCDNet 和 SiamUnet 模型可视化效果相对较好，但是检测结果出现斑点和杂质区域，从而影响了网络的检测性能。MPSCD 模型在多视角变化检测的基础上增加语义步骤识别模块，用不同颜色标注检测出的变化区域，同时预测变化区域对应的装配步骤。可见装配步骤的预测准确率都在 95% 以上，满足实际要求。

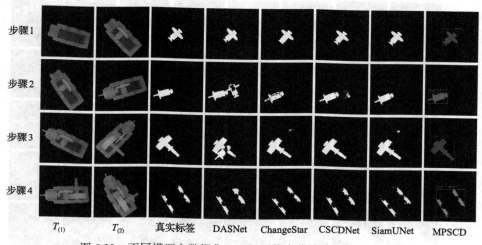

图 5.22 不同模型在数据集 1 上的图像变化检测可视化效果图

不同模型在数据集 2 上的测试结果如表 5.8 所示。相较于数据集 1，不同模型在数据集 2 上的测试结果都有所下降，这主要是因为数据集 2 划分的装配步骤过多。SiamUNet 模型的 F_1-score 为 80.2%，相较于数据集 1 结果下降最多，CSCDNet 模型的 F_1-score 达到了 93.4%。虽然划分多个装配步骤对网络性能有所影响，但 MPSCD 模型的 F_1-score 仍达到了 96.3%。

表 5.8 不同模型在数据集 2 上的测试结果　　（单位：%）

模型	精确率	召回率	F_1-score
DASNet	51.1	97.2	67.0
ChangeStar	87.6	91.2	89.1
CSCDNet	92.5	94.9	93.4
SiamUNet	79.6	87.1	80.2
MPSCD	96.6	96.0	96.3

图 5.23 为不同模型在数据集 2 上的图像变化检测可视化效果图。由于划分的步骤过多，每个装配步骤的新装零件较小，导致不同对比实验方法的检测效果下降，更容易出现不同装配步骤的零件相互干扰现象，检测出无关零件变化区域。

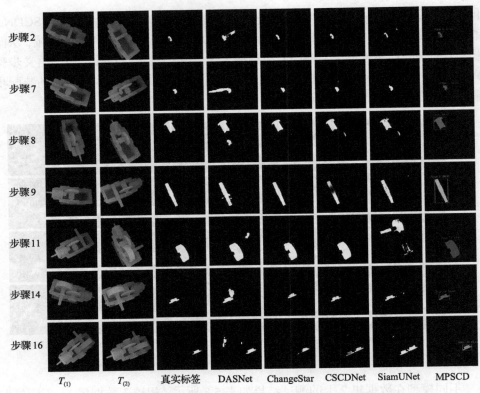

图 5.23 不同模型在数据集 2 上的图像变化检测可视化效果图

表 5.9 为不同模型在数据集 3 上的测试结果，CSCDNet 的 F_1-score 达到了 96.4%，而 MPSCD 模型的 F_1-score 仍是最高，为 96.6%。

表 5.9 不同模型在数据集 3 上的测试结果 （单位：%）

模型	精确率	召回率	F_1-score
DASNet	61.8	74.6	67.6
ChangeStar	93.5	95.1	94.3
CSCDNet	96.6	96.2	96.4
SiamUNet	97.2	91.7	94.6
MPSCD	97.3	95.9	96.6

图 5.24 为不同模型在数据集 3 上的图像变化检测可视化效果图。可以看出，由于真实物理环境存在噪声干扰，各模型检测效果相较于数据集 1 均有所下降。其中 DASNet 模型检测效果较差，易检测出无关变化区域，ChangeStar 模型对于边缘处理效果较差，SiamUNet 模型容易出现检测缺失现象，CSCDNet 模型效果相对较好，但由于该网络并非采用二值可视化，检测效果根据置信度会出现渐变

区域。而 MPSCD 模型对于边缘处理仍然较好,能够满足装配监测要求。

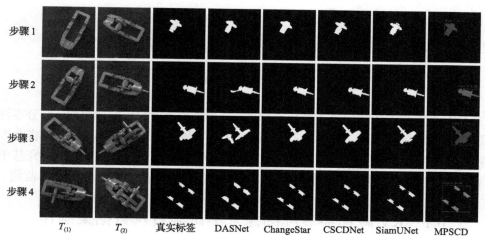

图 5.24　不同模型在数据集 3 上的图像变化检测可视化效果图

5.3　本章小结

为了提高变化检测网络的性能,并有效监测零件所处的装配阶段,本章研究了基于 Transformer 的机械装配体多视角变化检测方法,并在此基础上提出装配顺序监测方法,将 Transformer 和变化检测网络相结合,提高了变化检测网络的特征提取能力;提出了基于机械装配体图像多视角语义变化检测的装配顺序监测方法,用以监测装配前后零部件的变化区域;利用 Transformer 进行语义步骤识别,判断变化零部件当前所处装配阶段。

第 6 章 基于深度学习的 RV 减速器装配监测与部署

RV 减速器是工业机器人的核心部件。在 RV 减速器的装配过程中，部分零件仍然以手工装配为主，易出现漏装错装零件的问题，如果不能及时发现，将会影响生产效率和产品质量，浪费企业大量的时间和成本。因此，本章将研究基于深度学习的 RV 减速器装配监测与部署方法，实现 RV 减速器装配的实时监测。

6.1 RV 减速器装配图像采集试验台及数据集制作

当前，应用计算机视觉技术监测 RV 减速器装配的研究较少，缺少 RV 减速器各个装配阶段和各个零件的图像数据集。因此，本节搭建 RV 减速器装配图像采集试验台，在此基础上制作 3 个数据集，分别为 RV 减速器装配语义分割数据集、RV 减速器螺钉目标检测数据集和 RV 减速器针齿目标检测数据集。

6.1.1 RV 减速器装配图像采集试验台

本节设计的 RV 减速器装配图像采集试验台如图 6.1 所示，包括 RGB-D 相机、RV 减速器和 RV 减速器装配图像采集程序。

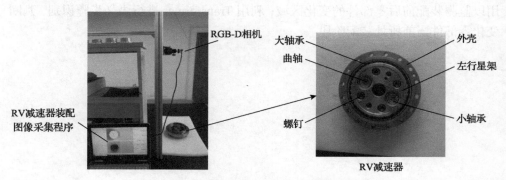

图 6.1 RV 减速器装配图像采集试验台实物图

RV 减速器装配图像采集试验台使用的 RGB-D 相机为 RealSense D 系列相机，主要有 D415、D435 和 D435i 三种型号，技术参数对比如表 6.1 所示。D415 使用了卷帘快门的图像传感器技术，传感器在曝光时每行像素按照顺序依次感光，在任意一个时刻传感器不同位置感光不同，适合拍摄静止的物体。而 D435 和 D435i 使用了全局快门的图像传感器技术，传感器在曝光时所有像素同时感光，在任意一个时刻传感器不同位置感光相同，适合拍摄运动的物体。由于 RV 减速器装配图像采集试验台中的 RGB-D 相机和 RV 减速器都处于静止状态，所以卷帘快门可以满足拍摄需求。

表 6.1 RealSense D 系列 RGB-D 相机技术参数对比

规格参数	D415	D435	D435i
使用范围/m	0.5～3	0.3～3	0.3～3
图像传感器技术	卷帘快门	全局快门	全局快门
深度视野/(°)	65×40	87×58	87×58
最小深度距离/m	0.45	0.28	0.28
深度输出分辨率/像素	1280×720	1280×720	1280×720
2m 深度的 z 轴精度/%	<2	<2	<2
深度帧率/fps	90	90	90
RGB 输出分辨率/像素	1920×1080	1920×1080	1920×1080
RGB 传感器视野/(°)	69×42	69×42	69×42
RGB 帧率/fps	30	30	30
RGB 传感器分辨率/百万像素	2	2	2
RGB 传感器技术	滚动快门	滚动快门	滚动快门
惯性测量单元	无	无	有

在深度图像性能方面，D415 相机的深度视野小于 D435 和 D435i 相机，但这三种型号的 RGB-D 相机深度图像分辨率和深度精度是相同的，这说明 D415 相机拥有更高的像素密度，在拍摄同一片区域的深度图像时，拍摄出的图像像素数更多，深度图像的精度更高。在 RGB 图像性能方面，这三种型号的 RGB-D 相机性能相同，D435i 相机相对另外两种相机多出了惯性测量单元，此单元的主要功能是测量相机自身的三轴姿态角和加速度，主要应用于相机运动的场景，RV 减速器装配图像采集试验台中不需要惯性测量单元。因此，本节选择 RealSense D415 相机作为 RGB-D 相机。

RV 减速器由前级渐开线圆柱齿轮行星减速机构和后级摆线针轮行星减速机构两部分组成，图 6.1 中所示的 RV 减速器主要包括大轴承、曲轴、螺钉、外壳、左行星架和小轴承等零部件。

RV 减速器装配图像采集程序与 RealSense D415 相机相连接，对相机采集到的图像数据进行处理并保存为 RGB 图像、深度图像或视频，采集过程如图 6.2 所示。RV 减速器装配图像采集程序首先通过 RealSense 相机 API 创建深度和 RGB 视频流，设置视频流的分辨率为 1280×720 像素，帧率为 30fps。然后开始获取视频流数据，将 RGB 图像和深度图像的每一个像素对齐，确保两种图像的视野范围和拍摄目标一致。将图像数据转化为 numpy 格式数据，并对深度图像进行抽取滤波和时间滤波，减少噪点，使深度图像更加平滑。根据数据集对图像大小的要求和后期深度学习网络模型训练的需求，将深度图像和 RGB 图像裁剪成合适大小。最后判断保存图片或者视频，如果是保存图像，则使用 OpenCV 中的键盘事件，按下键盘上的预设键，就触发一次保存图像，图像会按顺序命名并保存到指定文件夹中；如果是保存视频，同样按下键盘上的预设键，开始录制视频，图像帧会依次排列压成视频，再次按下预设键结束录制，视频保存到指定文件夹中。RV 减速器装配图像采集程序流程如图 6.3 所示。

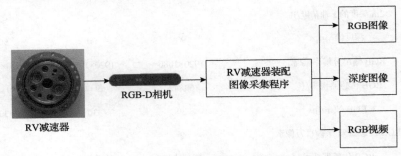

图 6.2　RV 减速器装配图像采集过程示意图

RV 减速器的光滑金属表面会反射相机发出的红外光，因此，采集的 RV 减速器装配体图像边缘和一些局部会存在黑洞，如图 6.4(a) 所示。为了确保后续的深度学习网络模型训练效果，本程序使用 INPAINT_TELEA 算法[168]去除黑洞。INPAINT_TELEA 算法是一种快速修复算法，优先处理待修复区域边缘上的像素点，然后逐渐向待修复区域中央推进，直到完成所有像素点的修复，修复后的深度图像如图 6.4(b) 所示。

图 6.5 为 RV 减速器装配数据集制作过程及应用对象示意图。数据集包括装配语义分割数据集、螺钉目标检测数据集和针齿目标检测数据集。其中，装配语义分割数据集、螺钉目标检测数据集用于基于深度学习的 RV 减速器装配监测方法。利用 RGB 视频制作的 RV 减速器针齿目标检测数据集用于基于目标检测的针齿安装监测方法。

第 6 章 基于深度学习的 RV 减速器装配监测与部署

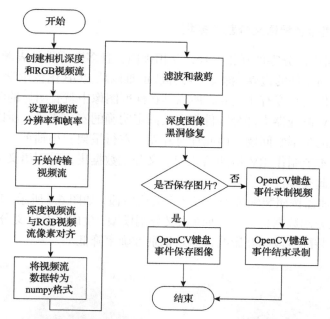

图 6.3 RV 减速器装配图像采集程序流程图

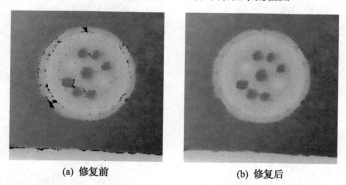

(a) 修复前   (b) 修复后

图 6.4 RealSense 相机拍摄的原始深度图像和修复后的深度图像

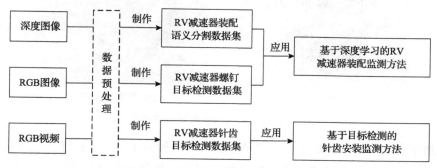

图 6.5 数据集制作过程及应用对象示意图

6.1.2　RV 减速器装配语义分割数据集

RV 减速器大部分零件互相重合，互相遮挡，且多数零件外表颜色为银白色，难以分辨出不同零件的边界，深度学习算法也难以从 RGB 图像中学习到特征。但是因为不同零件的高度有所差异，所以其在深度图像中就有明显的深度值差异。另外，因为 RV 减速器大部分零件都有其固定明确的安装位置，所以在装配过程中最可能出现的是漏装问题。因此针对外壳、左行星架、小轴承、大轴承和曲轴等较大零件，本节制作 RV 减速器装配语义分割数据集，采用语义分割算法识别深度图像中的此类零件。

将 RV 减速器按照装配过程分成 4 个装配阶段，如图 6.6 所示，每个装配阶段单独制作语义分割数据集，分别训练语义分割模型，生成 4 个语义分割模型权值，从而避免各个装配阶段相互影响，导致识别准确率降低。

图 6.6　RV 减速器装配阶段示意图

制作语义分割数据集主要有两种方法，第一种方法是人工标注，该方法需要手动将图像中每一个物体的边界轮廓标注出来，标注一张图像所需时间为 10～

20min，消耗的时间和人力成本较大，若图像中的物体较小且数量较多，则更加难以标注。第二种方法是使用计算机合成虚拟图像并利用程序与算法自动标注，这种方法省时省力，一般用于简单验证深度学习网络模型的性能或预训练网络模型的权值，利用包含少量真实图像的数据集去训练预训练网络模型，提高训练参数拟合速度，减少训练次数。但该方法所需的虚拟数据样本必须参照真实数据样本的特点制作，以保证它们在很大程度上是相似的。本节通过调节相机高度或改变合成图像程序中的设置参数，使 RV 减速器装配图像采集试验台采集的真实深度图像与计算机合成的虚拟深度图像达到很大程度的相似。因此，本节结合了两种制作数据集的方法，分别制作虚拟深度图像数据集和真实深度图像数据集，共同组成 RV 减速器装配语义分割数据集。

为了制作虚拟深度图像数据集，首先使用 SolidWorks 三维建模软件建立 RV 减速器装配体模型，再使用 3ds Max 三维渲染软件对装配体模型中的每一个零件标记颜色标签，得到的 RV 减速器装配体模型如图 6.7 所示。利用计算机程序读取装配体模型，使用 OSG（OpenSceneGraph，一种开源的实时图形引擎）渲染模型，自动生成模型的深度图像以及对应的颜色标签图像。在每生成一次图像后，自动调整模型的位置和角度，再生成下一个图像。在调整模型的位置和角度时，考虑到采集的真实数据集图像都为一面朝上，为了使虚拟数据集和真实数据集统一，主要调整模型绕 z 轴旋转的角度。

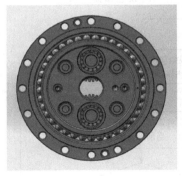 

(a) SolidWorks模型　　　　　　　(b) 3ds Max模型

图 6.7　RV 减速器装配体模型示意图

如图 6.8 所示，在获得模型的虚拟深度图像以及对应的颜色标签图像后，需要将 RGB 三通道的颜色标签图像转化为单通道灰度图像。由于数据集的图像并不一定都包含每个零件，需要编写数据集生成程序处理图像并制作数据集。

图 6.9 为数据集制作程序功能流程图。首先将每个零件编号，背景为 0 号，其他零件按照顺序从 1 开始编号。接着将每个零件的 RGB 值按照式(6.1)转化为

灰度值，并将灰度值按照零件编号排序，形成如图 6.10(a)列表 1 所示的所有零件的灰度值，此时每个灰度值在列表中的索引即为零件编号。然后，依次读取数据集中的颜色标签图像，并将这些 RGB 图转为灰度图。从灰度图中提取不同的灰度值，将这些灰度值组成如图 6.10(b)的列表 2，其为当前颜色标签图中存在零件的灰度值。

$$\text{Gray} = 0.299 \times R + 0.587 \times G + 0.114 \times B \tag{6.1}$$

式中，R、G、B 分别表示图像的红、绿、蓝三色的颜色分量。

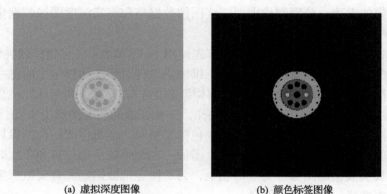

(a) 虚拟深度图像　　　　　　　　(b) 颜色标签图像

图 6.8　虚拟深度图像以及对应的颜色标签图像

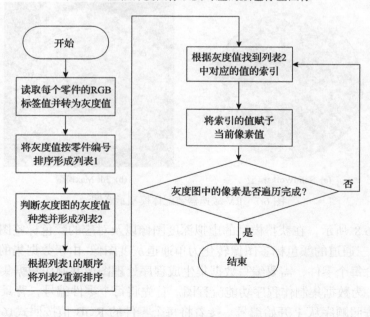

图 6.9　数据集制作程序功能流程图

图 6.10 数据集制作程序中列表的示意图

随后将图 6.10(b)列表 2 内的值按照列表 1 中的顺序重新排序，此时列表 2 中的灰度值的索引即为零件在这张标签图中的顺序编号。最后遍历灰度图像的每一个像素，将每个像素的灰度值替换为它在列表 2 中的索引值，如图 6.10(c)所示，将新图像作为标签图像导出保存。

对装配体装配的 4 个阶段分别建模、标记颜色标签并生成图像，最终制作如图 6.11 所示的语义分割虚拟深度图像数据集，上方为深度图像，下方为颜色标签图像。每个装配阶段各生成 360 张深度图像及其对应的颜色标签图像，图像的分辨率均为 224×224 像素，格式为 PNG，并按照 7:2:1 的比例来划分训练集、验证集和测试集。

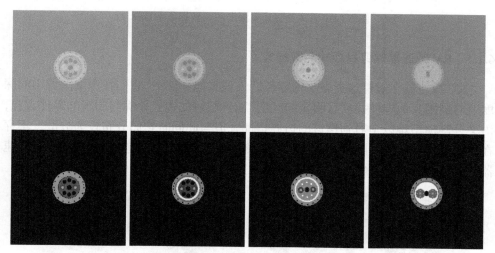

图 6.11 语义分割虚拟深度图像数据集示意图

为了制作真实数据集，需要使用 RV 减速器装配图像采集试验台采集真实的装配体深度图像。为了提高语义分割模型训练和预测速度,并与虚拟数据集中深度图像的效果尽量保持统一,将拍摄距离设置为 700mm,真实图像的大小裁剪为 224×224 像素,图像格式设置为 PNG。使用图像处理软件标注深度图像中每个零件的颜色标签,每一个装配阶段各制作 30 张真实图像及其对应的颜色标签图像。为了扩展真实数据集的数量,提高所训练的语义分割模型的鲁棒性,对这 30 张深度图像和颜色标签图像进行旋转、镜像和加噪等数据增强操作,再利用数据集制作程序处理深度图像和颜色标签图像,形成如图 6.12 所示的语义分割真实深度图像数据集,最终每个装配阶段的真实数据集都有 100 张图像,并按照 7:2:1 的比例来划分训练集、验证集和测试集。

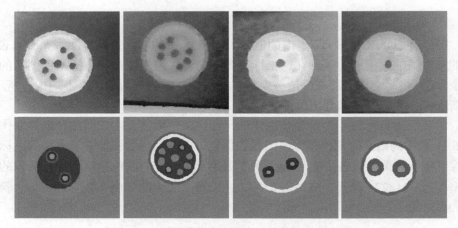

图 6.12　语义分割真实深度图像数据集示意图

6.1.3　RV 减速器螺钉目标检测数据集

RV 减速器中螺钉这类微小的零件嵌入到其他零件中,它们在深度图像中的深度值与周围其他零件并没有明显的区别,而且螺钉的边界轮廓与周围的零件重合,语义分割模型难以学习到螺钉的边界特征。但与此同时它们分布较为分散,不存在互相遮挡等问题,因此节采用目标检测算法识别 RGB 图像中的螺钉。RV 减速器螺钉目标检测数据集如图 6.13 所示。

图 6.13　RV 减速器螺钉目标检测数据集示意图

首先使用 RV 减速器装配图像采集试验台采集第三阶段装配体的 RGB 图像。然后使用 LabelImg 标注软件标注 RGB 图像中的每个螺钉，并生成标签文件，形成 100 张图像及其对应的标签文件，图像的分辨率为 224×224 像素，格式为 PNG。最后对 RGB 图像进行旋转、镜像和加噪等数据增强操作，最终的目标检测数据集有 300 张图像，并按照 7∶2∶1 的比例来划分训练集、验证集和测试集。

6.1.4 RV 减速器针齿目标检测数据集

针齿是 RV 减速器中摆线针轮行星传动机构中的重要零件，具有体积小、数量多的特点。针齿嵌入到其他零件中，其在深度图像中的深度值与周围零件的区别较小，因此语义分割模型难以分割针齿，本节采用目标检测算法识别 RGB 图像中的针齿。

由于针齿的体积比螺钉小，224×224 像素的图像分辨率无法体现出每个针齿的特征，因此应当制作大分辨率图像数据集用于目标检测模型学习，同时也保留分辨率为 224×224 像素的图像作为后期对照。针齿的装配位于第一装配阶段，因此使用第一装配阶段的 RGB 图像制作数据集。首先使用 RV 减速器装配图像采集试验台采集第一阶段装配体的 RGB 图像。然后使用 LabelImg 标注软件标注 RGB 图像中的每个针齿，并生成标签文件，形成 200 张图像及其对应的标签文件，图像的分辨率为 672×672 像素，格式为 PNG。最后对采集的 RGB 图像进行旋转、镜像和加噪等数据增强操作，最终 RV 减速器针齿目标检测数据集包括 800 张图像，并按照 7∶2∶1 的比例来划分训练集、验证集和测试集。按照同样的步骤建立 224×224 像素分辨率的 RV 减速器针齿目标检测数据集，用于后期验证目标检测模型在低分辨率图像上的应用性能。两组 RV 减速器针齿目标检测数据集如图 6.14 所示。

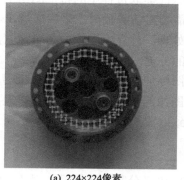 

(a) 224×224像素　　　(b) 672×672像素

图 6.14　两组 RV 减速器针齿目标检测数据集示意图

6.2 基于深度学习的 RV 减速器装配监测方法

在 RV 减速器中，大部分零件使用压合的方式进行装配，这导致零件层层叠加，互相遮挡，使用传统的计算机视觉算法难以检测装配中的零件。因此，本节使用语义分割和目标检测算法分别检测 RV 减速器的各类零件，并通过实验对比选择最为合适的模型算法，为后续的深度学习模型部署提供算法基础。

6.2.1 语义分割网络模型选择

由于本节所使用的语义分割网络模型最终需要部署到实际的生产场景中应用，稳定性和运算推理速度是选择语义分割网络模型的主要原则。U-Net 语义分割网络模型、Fast-SCNN 语义分割网络模型和 HRNet 语义分割网络模型都是经典的基于深度学习的语义分割网络模型，在大部分公共数据集上表现稳定，网络结构较为简单，运算推理速度快。

1. U-Net 语义分割网络模型

U-Net[169]语义分割网络模型使用较小的训练数据量就可以达到较高的语义分割准确率，通常应用于数据量小、场景结构较为固定的图像分割中，如生物医学图像分割等。机械生产中采集的装配体图像也具有装配错误样本量小、场景结构单一等特点。

如图 6.15 所示，U-Net 模型分为左右两部分，分别实现特征提取和上采样。在特征提取过程中，先对输入的图像进行 3×3 卷积和 2×2 最大池化操作，然后通过多个卷积和池化层形成不同尺度的特征图。在上采样过程中，对提取出的特征图进行 2×2 反卷积和 3×3 卷积的上采样操作，每上采样一次，就与特征提取部分通道数相同的特征图进行拼接融合。由于特征提取过程中的特征图与上采样过程中特征图的大小不一致，在拼接融合之前需要将前者裁剪。最后通过 1×1 卷积生成对应每个类别的热图，经过激活函数的处理，计算出图像中每个像素点属于某个类别的概率，实现对图像中每一个像素的分类。

U-Net 模型提取出的浅层大尺度特征图更加注重纹理特征，而深层小尺度特征图更加注重本质抽象特征。通过对输入图像的多尺度特征提取和多尺度特征图拼接融合，有效地避免了网络层数增加导致的浅层特征丢失问题。

2. Fast-SCNN 语义分割网络模型

Fast-SCNN[170]是一种推理运算速度快的语义分割网络模型，对于 1024×2048 像素的高分辨率图像，使用 Cityscapes 公共数据集在 NVIDIA TITAN Xp GPU 上

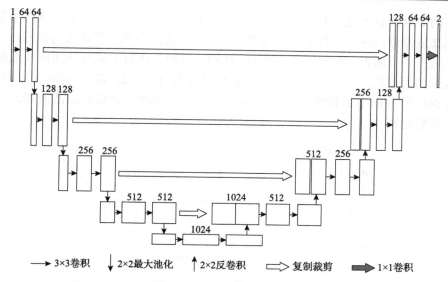

图 6.15　U-Net 模型结构图

进行测试，其 MIoU 达到 68%，推理速度达到 123.5fps。Fast-SCNN 模型的结构如图 6.16 所示，主要包含下采样模块、全局特征提取器模块、特征融合模块和分类器模块。

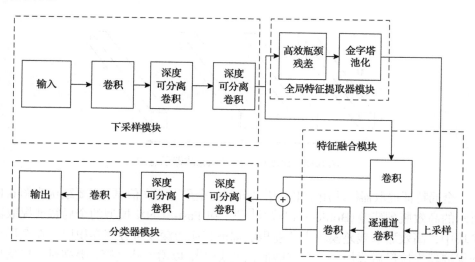

图 6.16　Fast-SCNN 模型结构图

下采样模块使用了三层卷积结构，以提高浅层特征的有效性和运算速度，其中第一层为标准卷积层，后两层为深度可分离卷积层。如图 6.17 所示，标准卷积滤波器同时对图像的所有通道进行卷积，每一个卷积核的尺寸为 $D_k×D_k×M$（k 为卷积核的序号，M 为通道数），计算量和参数量较大。如图 6.18 所示，深度可分离卷积滤波器分为两个过程，分别是逐通道卷积和逐点卷积。逐通道卷积的一个卷积核负责一个通道，卷积核尺寸为 $D_k \times D_k \times 1$，卷积完成后生成特征图的通道数与输入图像通道数一致。逐点卷积的卷积核尺寸为 $1 \times 1 \times M$，将上一步得到的特征图在深度的方向上加权组合，生成新的特征图。深度可分离卷积滤波器的计算量和参数量较小。

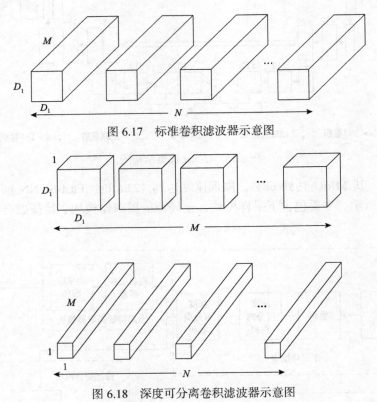

图 6.17 标准卷积滤波器示意图

图 6.18 深度可分离卷积滤波器示意图

全局特征提取器模块用于聚合语义分割的全局上下文信息，主要结构为图 6.19 所示的高效瓶颈残差 (Bottleneck) 模块[165]。在 Fast-SCNN 模型的全局特征提取器模块中，高效瓶颈残差模块中的卷积层都被替换为深度可分离卷积层。在全局特征提取器模块最后添加一个金字塔池化模块[171]，以增大感受野，提高对全局信息的利用率。

特征融合模块对浅层特征图进行一次标准卷积，对深层特征图进行多次上采样、逐通道卷积和一次标准卷积，再将它们的结果融合。分类器模块包括深度可分离卷积和标准卷积，并使用 softmax 激活函数输出结果。

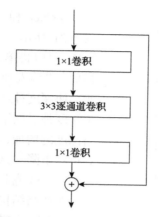

图 6.19 Bottleneck 模块结构图

3. HRNet 语义分割网络模型

传统的语义分割网络模型在经过多次下采样后，特征图的分辨率会降低，为了得到高分辨率的输出结果，需要对低分辨率的特征图进行上采样，从下采样到上采样的过程中，不同分辨率的特征图是串联的，而 HRNet[172]模型则将不同分辨率的特征图并联，同时将不同分辨率的特征图融合。HRNet 模型结构如图 6.20 所示，其输入是原图像经过两次步长为 2 的 3×3 卷积获得的。

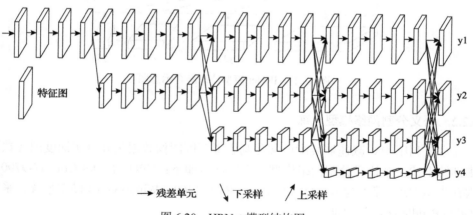

图 6.20 HRNet 模型结构图

HRNet 模型具有四个并联的分支，进行了三次下采样，共有四种不同尺度的特征图。从图 6.20 中可以看出，每经过一次下采样，会生成一个更小尺度的特征图，并会进行一次不同尺度的特征融合，小尺度特征图通过上采样和 1×1 卷积与大尺度特征图融合，大尺度特征图通过 3×3 卷积与小尺度特征图融合，同时原有的大尺度特征图仍会参与到后续的卷积过程中，最终生成不同尺度的特征图。

HRNet 模型中的残差单元[133]结构如图 6.21 所示。残差单元采取了跳层连接的形式，可以将单元的输入与单元的输出直接相加，再输入到激活函数进行运算。残差单元会使深度神经网络收敛得更快，同时解决了深度神经网络的退化问题，即随着神经网络深度的增加，其性能逐渐增加至最大值然后迅速下降。该残差单元由 1×1 卷积、3×3 卷积和 1×1 卷积组成。

在网络结构的最后，将四个并行分支产生的不同分辨率特征图进行特征融合，如图 6.22 所示，三个小尺度特征图通过上采样变为大尺度，并与原有的一个大尺度特征

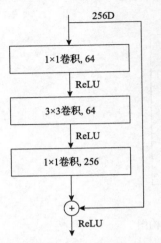

图 6.21 HRNet 模型中残差单元结构图

图拼接融合，最后上采样至原图大小进行损失计算。

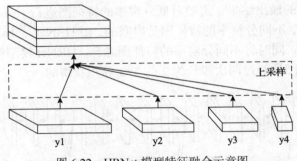

图 6.22 HRNet 模型特征融合示意图

6.2.2 语义分割网络模型训练

本节利用 RV 减速器装配语义分割虚拟深度图像数据集和真实深度图像数据集训练上述三个语义分割网络模型。实验环境如下：CPU 为 Intel Core i7-9700，内存为 16GB，显卡为 NVIDIA GeForce RTX 2060，Windows 10 操作系统，采用 PaddlePaddle 深度学习框架。

训练方法如下：使用 PaddlePaddle 深度学习框架分别建立三个语义分割网络模型，并下载三个语义分割模型在公共数据集上的预训练权值，利用该权值在第一装配阶段的虚拟深度图像数据集上进行训练，训练完成后记录训练结果，保存训练权值；再利用保存的训练权值在第一装配阶段的真实深度图像数据集上进行训练，对比训练结果，选择综合性能最好的语义分割网络模型。接下来使用该网

络模型在其余三个装配阶段的数据集上进行训练，最后保存训练结果。

公共数据集上的预训练权值采用互联网上的公开数据集预先训练好的模型权值，这些模型权值被上传至互联网以供研究者使用。利用预训练权值初始化网络模型的参数会大大缩短训练批次（Epoch），节省训练时间，增强模型的可迁移性和鲁棒性。通过先虚拟深度图像数据集再真实深度图像数据集的训练方式可以让模型预先学习一些虚拟数据集的特征，使其在随后规模较小的真实数据集上能有较好的训练结果，同时也可以减少训练迭代次数，加快训练速度。

使用 U-Net 语义分割网络模型将 COCO 数据集上的预训练权值作为初始权值进行虚拟深度图像数据集训练，迭代次数为 400，学习率为 0.005，批尺寸为 2。训练结束后，保存 MIoU 最优时的模型权值。然后使用上述模型权值和真实深度图像数据集训练 U-Net 模型，迭代次数为 500，学习率为 0.005，批尺寸为 2，最终保存 MIoU 最优时的模型权值。Fast-SCNN 和 HRNet 模型的参数设置与 U-Net 模型相同。

在虚拟深度图像数据集上，三个语义分割网络模型的性能对比如表 6.2 所示。可以看到，U-Net 模型在三者之中表现最好，MIoU 为 69.44%，平均精确率为 99.79%。

表 6.2 三个语义分割网络模型在虚拟深度图像数据集上的性能对比 （单位：%）

模型	MIoU	平均精确率
U-Net	69.44	99.79
Fast-SCNN	56.15	98.81
HRNet	65.84	99.41

在真实深度图像数据集上，三个语义分割网络模型的性能对比如表 6.3 所示。可以看到，MIoU 和平均精确率最高的是 HRNet 模型，分别为 84.79%和 97.54%。输入的图像大小为 224×224 像素时，推理计算速度和训练时间最快的是 Fast-SCNN 模型，推理速度达到 17.2fps，训练时间为 6min，模型轻量化程度最高的也是 Fast-SCNN 模型，模型大小为 4.8MB，但 MIoU 和平均精确率比 HRNet 模型低 7.09 个百分点和 1.28 个百分点。

表 6.3 三个语义分割网络模型在真实深度图像数据集上的性能对比

模型	MIoU/%	平均准确率/%	推理速度/fps	模型大小/MB	训练时间/min
U-Net	78.79	96.21	1.3	51.2	21
Fast-SCNN	77.70	96.26	17.2	4.8	6
HRNet	84.79	97.54	5.3	39.6	30

图 6.23 为三个语义分割网络模型的推理结果可视化效果图，可看出三者从视

觉上并无明显的优劣之分，因此主要通过 MIoU、平均精确率和推理速度这三个指标来选择模型。

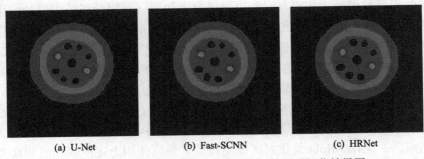

(a) U-Net　　　　　　　(b) Fast-SCNN　　　　　　(c) HRNet

图 6.23　三个语义分割网络模型的推理结果可视化效果图

MIoU 和平均精确率反映了图像中像素分类的正确与否，在指标相差不大的情况下，并不影响可视化效果和分类判断，因此推理速度成为评价模型性能的关键指标，在工程应用中，快速而又准确的检测能够大幅提高装配效率和质量。综上所述，选择 Fast-SCNN 语义分割网络模型，将其在四个装配阶段的训练权值导出，在后续的研究中将训练结果部署至 RV 减速器装配监测软件中。

6.2.3　目标检测网络模型选择

YOLOv3、PP-YOLO 和 Fast R-CNN 模型都是较为常用的基于深度学习的目标检测网络，在大部分公共数据集上有良好的表现，运算推理速度快。

1. YOLOv3 目标检测网络模型

YOLOv3 目标检测网络模型是一种轻量、快速的单阶段目标检测网络模型，其融合了特征金字塔网络(feature pyramid network，FPN)和残差网络等模块，预测速度和精度优于传统的目标检测网络模型，因此更适用于工业场景。

YOLOv3 模型的特征提取由 DarkNet53 模型实现，如图 6.24 所示。该模型包含 53 个卷积层，这些卷积层由 1×1 卷积、3×3 卷积和残差单元组成。DarkNet53 模型使用了步长为 2 的卷积代替池化层实现下采样，避免了池化层导致的浅层特征损失。DBL(DarkNetConv2d_BN_Leaky)模块是 YOLOv3 模型的基本组件。

在特征融合方面，YOLOv3 模型使用了类似 FPN 模块的上采样和特征融合方法，融合了 13×13、26×26 和 52×52 三个尺度的特征图，最后在这三个特征图上分别进行分类和回归，实现对图像中每一个物体的位置和类别的预测。

2. PP-YOLO 目标检测网络模型

PP-YOLO[173]目标检测网络模型是在 YOLOv3 模型的基础上改进而来的，它

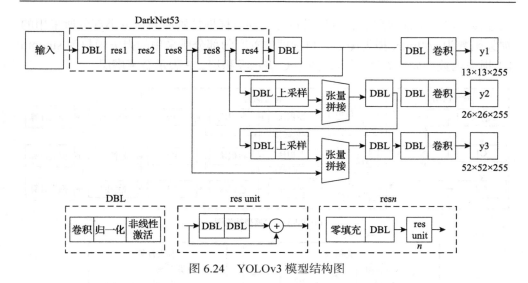

图 6.24 YOLOv3 模型结构图

是一个可以在实际场景中直接应用的目标检测网络。在 COCO 公共数据集上，PP-YOLO 模型在推理运算速度不变的情况下达到了较高的检测精度。PP-YOLO 模型结构如图 6.25(a) 所示，其骨干网络为 ResNet50-vd，并将最后一层的 3×3 卷积层替换为可变形卷积，可变形卷积可以自动地调节尺度和感受野以适应不同尺度不同形状的被检测物体，但在一定程度上增加了网络复杂度。特征融合部分为 FPN，其中的卷积模块和上采样模块的结构如图 6.25(b) 所示。

目标检测头由一个 3×3 卷积和一个 1×1 卷积组成，当输出的类别数为 K 时，检测头输出的维度为 $3(K+5)$，针对每一个预测的锚框，K 个维度代表预测目标的类别，后面 4 个维度代表锚框的位置坐标，最后一个维度代表是否有目标。使用交叉熵损失函数计算类别预测值的损失值，使用 L1 损失函数计算锚框位置坐标损失值，使用目标损失函数计算目标有无的预测值损失值。

3. Fast R-CNN 目标检测网络模型

Fast R-CNN[174]目标检测网络模型的前身是 R-CNN 模型。针对 R-CNN 模型训练测试速度慢和占用内存大的问题，Fast R-CNN 模型进行了改进，进一步提高了检测效果和训练测试的速度，其在训练速度上比 R-CNN 模型快 9 倍，测试速度快 213 倍，同时也保持了较高的检测精度。

Fast R-CNN 模型的输入是归一化后的分辨率为 224×224 像素的图像，卷积网络部分包括 5 个卷积层和 2 个下采样层，将提取出的特征图和兴趣区域(region of interest, RoI)的预测输入兴趣区域池化层，兴趣区域池化层作用是将不同尺寸的兴趣区域预测映射到卷积网络输出的特征图上，以便特征图能够与下层的全连接层连接。经过全连接层后，分别进行分类和目标框位置回归，分类部分所采用的损失函数为 softmax 损失函数，目标框位置回归部分所采用的损失函数为 smooth L1 损失函数，如图 6.26 所示，图中 C 表示卷积层，P 表示金字塔层。

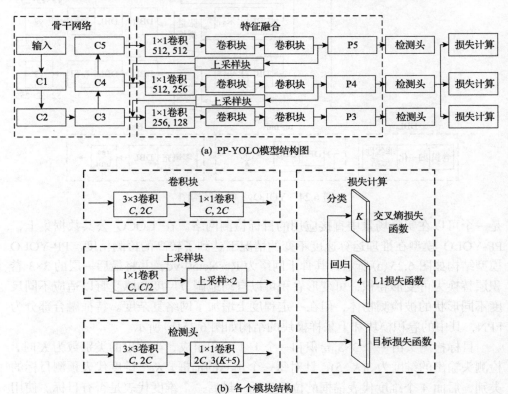

图 6.25　PP-YOLO 模型及各模块结构图

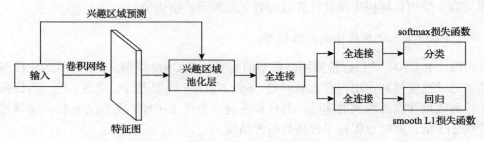

图 6.26　Fast R-CNN 模型结构图

6.2.4　目标检测网络模型训练

在与语义分割网络模型训练环境相同的计算机和深度学习平台上，使用 RV

减速器螺钉目标检测数据集分别训练三个目标检测网络模型。分别建立三个目标检测网络模型,并下载三个模型在公共数据集上的预训练权值,利用该权值在 RV 减速器螺钉目标检测数据集上再次进行训练,训练完成后对比训练结果,选择综合性能最好的目标检测网络模型,保存训练的权值。

对于 YOLOv3 模型,使用其在 COCO 数据集上的预训练权值作为初始权值在 RV 减速器螺钉目标检测数据集上训练,迭代次数为 1000,学习率为 0.00005,批尺寸为 2,训练结束后,保存目标框平均精确率最优时的模型权值。Fast R-CNN 和 PP-YOLO 模型的参数设置与 YOLOv3 模型相同。

在 RV 减速器螺钉目标检测数据集上,三个目标检测网络模型的性能参数对比如表 6.4 所示。可以看到,精确率和平均精确率最高的是 YOLOv3 模型,分别为 99.8%和 99.8%;召回率最高的是 Fast R-CNN 模型,为 99.9%,但其精确率较低;YOLOv3 和 PP-YOLO 模型的检测精度指标上几乎持平。利用训练环境的计算机推理计算三个模型,输入图像分辨率为 224×224 像素,推理计算速度和训练时间最快的是 YOLOv3 模型,推理速度达到 14.7fps;在模型参数量方面,YOLOv3 与 Fast R-SCNN 模型相差不大,模型大小分别为 160MB 和 158MB。因此,本节选择 YOLOv3 模型,将其训练权值导出,用于部署至 RV 减速器装配监测软件中。

表 6.4 三个目标检测网络模型的性能参数对比

模型	精确率/%	召回率/%	平均精确率/%	推理速度/fps	模型大小/MB	训练时间/h
YOLOv3	99.8	99.7	99.8	14.7	160	1.5
PP-YOLO	99.7	99.7	99.7	0.7	180	3.5
Fast R-CNN	78.8	99.9	99.7	2.5	158	1.25

6.3 基于目标检测的针齿安装监测方法

在 RV 减速器中,针齿是实现摆线针轮行星传动机构正常运转不可或缺的零件,但是针齿具有体积小和数量多的特点,在人工的装配过程中时常出现漏装的问题。由于一般的目标检测网络模型检测针齿的效果较差,本节通过改进 RetinaNet 目标检测网络模型来实现针齿的检测,提出基于目标检测的针齿安装过程监测模型。另外,将其与 YOLOv5 目标检测网络模型对比,两种模型均在分辨率为 672×672 像素和 224×224 像素的数据集上训练,选择最为合适的模型,为后续的深度学习模型部署提供基础。

6.3.1 改进 RetinaNet 目标检测网络模型

RetinaNet[175]目标检测网络模型是一种兼顾速度与精度的单阶段目标检测网

络模型，具有适用性广和鲁棒性强的特点。针对 RV 减速器针齿体积和分布规律的特点，本节改进 RetinaNet 模型，使其在 RV 减速器针齿目标检测数据集上达到更好的检测效果。

1. 改进 RetinaNet 目标检测网络模型结构

改进 RetinaNet 目标检测网络结构如图 6.27 所示，分为骨干网络、特征融合网络和回归分类网络三部分。

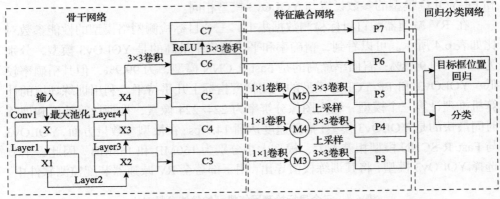

图 6.27 改进 RetinaNet 模型结构图

改进 RetinaNet 模型的骨干网络是残差网络 ResNet，其负责提取输入图像的特征。输入图像首先经过一次 7×7 卷积和一次最大池化。然后依次经过四个卷积层得到 C3、C4 和 C5 三个输出，另将最后一层的输出 X4 经过 3×3 卷积得到 C6，对 C6 进行 ReLU 激活和 3×3 卷积后得到 C7。将 C3、C4、C5、C6 和 C7 五种不同尺度的特征图输入特征融合网络，C6 和 C7 直接作为特征融合网络的输出 P6 和 P7。C3、C4 和 C5 经过 1×1 卷积分别得到 M3、M4 和 M5，M5 经过 3×3 卷积得到 P5，M5 经过上采样与 M4 相加后经过 3×3 卷积得到 P4，采用相同的方式得到 P3。最后利用 P3、P4、P5、P6 和 P7 进行目标框回归和分类。

分类使用的损失函数为 Focal Loss，该损失函数可以减少分类容易的样本的权值，使得在训练时模型的参数权值更新向分类困难的样本倾斜，是一种困难样本挖掘的方法。损失函数 Focal Loss 的公式为

$$FL(p_t) = -\alpha_t (1-p_t)^\gamma \log p_t \tag{6.2}$$

$$p_t = \begin{cases} p, & y=1 \\ 1-p, & y \neq 1 \end{cases} \tag{6.3}$$

式中，p 为模型预测正确的概率；α_t 为平衡因子，用于平衡正负样本的重要程度；

$(1-p_t)^\gamma$ 为调节因子，γ 大于 0，γ 越大，损失函数 Focal Loss 在分类容易的样本处的值越接近 0，在分类困难的样本处仍保持一个较大的值。通过这种方式可以让分类困难的样本贡献更多的损失值，使其更容易被检测出。

2. 骨干网络与特征提取

改进 RetinaNet 模型所使用的骨干网络 ResNet 有多个版本，分别为 ResNet18、ResNet34、ResNet50、ResNet101 和 ResNet152。以 ResNet18 为例，它对输入进行 7×7 卷积和 3×3 最大池化，第一层包含了两个卷积块，每个卷积块包含了两个通道数为 64 的 3×3 卷积，输出 56×56 的特征图；第二层包含了两组卷积块，每个卷积块包含了两个通道数为 128 的 3×3 卷积，输出 28×28 的特征图；第三层包含了两个卷积块，每个卷积块包含两个通道数为 256 的 3×3 卷积，输出 14×14 的特征图；第四层包含了两个卷积块，每个卷积块包含两个通道数为 512 的 3×3 卷积，输出 7×7 的特征图。ResNet 各个版本的主要区别为卷积块中的卷积操作类型和卷积块的数量不同，随着卷积块的数量越多，它们的参数量和计算量逐渐增加。

网络层数的多少能够影响网络对于目标特征的提取能力。一般来说，浅层网络更加擅长提取图像细节特征，深层网络更加擅长提取图像区域或整体特征。例如 ResNet18 的卷积次数少，网络更浅，虽然提取的特征不够精确，但擅长检测较小目标的特征。其他卷积次数更多的网络，虽然能提取到更多特征，检测得更加精确，但是对小目标的提取能力会有所不足。由于 ResNet101 和 ResNet152 的参数量较大，训练速度和测试速度较慢，一般不应用于工程领域，所以本节使用 ResNet18、ResNet34 和 ResNet50 分别作为改进 RetinaNet 模型的骨干网络，并在分辨率为 672×672 像素的 RV 减速器针齿目标检测数据集上进行训练测试。训练环境如下：CPU 为 Intel Core i7-9700，内存为 16GB，显卡为 NVIDIA GeForce RTX 2060，Windows10 操作系统，采用 PyTorch 深度学习框架。最终的训练结果如表 6.5 所示，训练过程的损失值、精确率和召回率如图 6.28 所示。

表 6.5 不同骨干网络的改进 RetinaNet 模型训练结果

骨干网络	损失值	精确率/%	召回率/%
ResNet18	0.0016	84.13	3.34
ResNet34	0.0005	93.37	3.33
ResNet50	0.0003	95.35	2.58

可以看到，三种骨干网络的各项指标在 50 个 Epoch 训练之后均开始趋于收敛，ResNet18、ResNet34 和 ResNet50 的损失值分别为 0.0016、0.0005 和 0.0003，精确率分别为 84.13%、93.37%和 95.35%，召回率分别为 3.34%、3.33%和 2.58%。随着骨干网络深度和复杂度的增加，改进 RetinaNet 模型的损失值逐渐下降，精确率

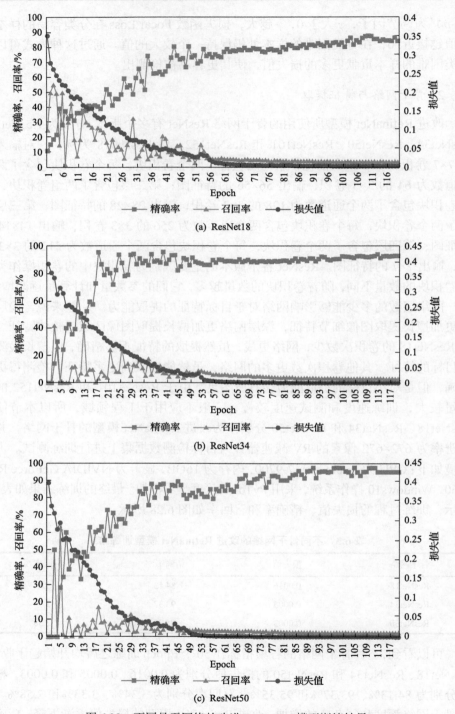

图 6.28 不同骨干网络的改进 RetinaNet 模型训练结果

逐渐上升，召回率逐渐下降。其中 ResNet18 的损失值相对较高，精确率相对较低，而召回率没有过大的优势，所以不再考虑使用 ResNet18 作为骨干网络。ResNet34 和 ResNet50 的损失值相差不大，在精确率上，ResNet50 比 ResNet34 高 1.98 个百分点，在召回率上，ResNet50 比 ResNet34 低 0.75 个百分点，相较来说 ResNet50 作为骨干网络的改进 RetinaNet 模型的表现更为优秀，因此优先选用 ResNet50 作为骨干网络。下一步需要在此基础上进一步提升召回率和精确率。

3. 注意力机制

注意力机制是一种使特征提取网络更加关注图像中需要关注的特征的算法，可以提高重要特征的表现力并抑制非重要特征，最终提高网络模型训练的效率和检测效果。本节研究中使用了卷积注意力模块（CBAM）[134]，其包括通道注意力模块和空间注意力模块，可以使网络模型分别在通道维度和空间维度上学习关注特征。

通道注意力模块如图 6.29 所示。首先在空间维度上分别对特征图使用基于宽的全局最大池化和基于高的全局平均池化，提取丰富的高层次特征。然后通过由两个全连接层和一个 ReLU 激活函数所组成的共享全连接层，提高输入特征图各个通道之间的相关性。最后将共享全连接层的两个输出相加，得到通道注意力权值。通道注意力模块的作用是寻找特征图上的重要内容。

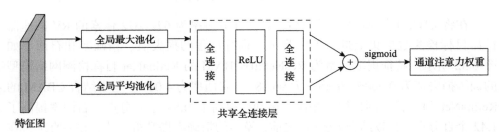

图 6.29　通道注意力模块结构图

空间注意力模块如图 6.30 所示，其输入为通道注意力模块输出的特征图。首先在通道维度上分别对特征图使用全局最大池化和全局平均池化，然后将池化的两个输出结果拼接，接着通过一个 7×7 卷积层将通道数降为 1，最后得到空间注意力权值。空间注意力模块的作用是寻找特征图上重要内容的位置。

为了将 CBAM 加入到特征提取网络 ResNet 中，首先在 ResNet 的第一个卷积层之后，将输出特征图输入到通道注意力模块中。然后将输出的通道注意力权值与卷积层的特征图逐元素相乘，得到新的特征图。接着将特征图输入空间注意力模块，将输出的空间注意力权值与原特征图逐元素相乘，再将其输入到四个卷积层。最后将输出送入通道注意力模块和空间注意力模块，得到特征提取网络的输出,其结构图如图 6.31 所示。

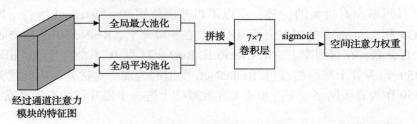

图 6.30　空间注意力模块结构图

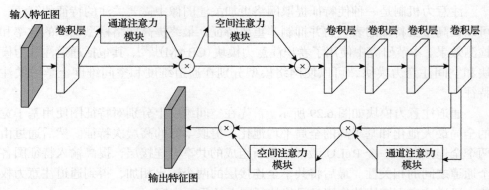

图 6.31　CBAM 与 ResNet 结合后结构图

在将 CBAM 与 ResNet 结合后,算法在分辨率为 672×672 像素的 RV 减速器针齿目标检测数据集上进行训练测试。训练过程的损失值、精确率和召回率如图 6.32 所示。特征提取网络为 ResNet50+CBAM 的 RetinaNet 目标检测网络模型的训练损失值为 0.0006,精确率为 96.18%,召回率为 4.00%,与未结合 CBAM 的 RetinaNet 目标检测网络模型相比,精确率提高了 0.83 个百分点,召回率提高了 1.42 个百分点。相较结合 CBAM 之前,模型的精确率提升得更快,并一直维持在一个较高的水平,召回率的波动更大,说明当前的模型具有检测出更多目标的能力。下面需要着重改进 RetinaNet 模型以提升召回率。

4. 设置交并比

在 RetinaNet 目标检测网络模型的目标框位置回归损失计算中,一般通过交并比(IoU)来衡量预测框与真实框之间的重叠率。若一个矩形框为 A,另一个矩形框为 B,则两个矩形的交并比为

$$IoU = \frac{A \cup B}{A \cap B} \tag{6.4}$$

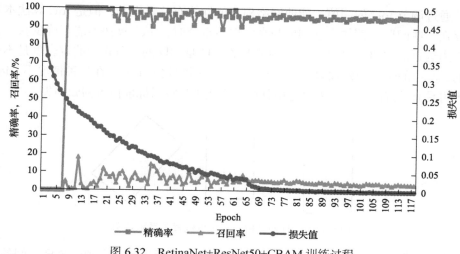

图 6.32　RetinaNet+ResNet50+CBAM 训练过程

在 RetinaNet 模型的原始代码中，IoU 的阈值设置为 0.5，此阈值的含义为：当预测框与真实框的交并比超过 0.5 时，认为此预测框为正样本；当预测框与真实框的交并比小于等于 0.5 时，认为此预测框为负样本。因此，若 IoU 的阈值增大，则正样本会减少；若 IoU 的阈值减小，则正样本会增加。在网络模型的召回率低、精确率高的情况下，可以通过减小 IoU 阈值的方式提高召回率。但由于此种方法得到的正样本质量并不高，网络模型的精确率会随之下降，因此需要通过实验来寻找一个合适的阈值，使得网络模型的召回率得到大幅提升的同时，精确率在可接受范围内。

在本节改进模型的基础上，将目标框位置回归损失计算的 IoU 阈值分别设置为 0.45、0.40、0.35 和 0.30，在分辨率为 672×672 像素的 RV 减速器针齿目标检测数据集上进行训练测试，训练结果如表 6.6 所示。可以看到，当 IoU 的阈值为 0.45 时，网络模型的召回率为 57.34%，处于一个较低的水平；当 IoU 的阈值为 0.40 时，网络模型的召回率为 98.44%，精确率为 88.67%，召回率和精确率都处于一个较高的水平；当继续减小 IoU 的阈值时，网络模型的精确率大幅下降，而召回率仍有较小提升。综上所述，将改进 RetinaNet 目标检测网络模型的 IoU 阈值设置为 0.40 是最为合适的。

表 6.6　不同 IoU 阈值的训练结果

IoU 阈值	损失值	精确率/%	召回率/%
0.45	0.0029	93.13	57.34
0.40	0.0235	88.67	98.44
0.35	0.0406	73.03	99.91
0.30	0.0473	50.68	99.94

通过调节 IoU 的阈值，能使网络模型的性能有一定提升，但是 IoU 算法本身也存在一些问题，例如当预测框与真实框不重合时，IoU 算法不能正确反映二者的距离远近。如图 6.33 所示，三种情况的 IoU 是相同的，但它们的重合度是不一样的，左边的位置回归效果最好，右边的位置回归效果最差。在这种情况下，IoU 就不再具有较好的效果，需要选用其他的方式来计算目标框位置回归损失。

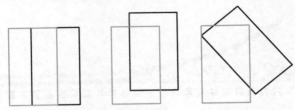

图 6.33　三种预测框与真实框位置关系示意图

CIoU[176]是在 IoU 的基础上改进的，如图 6.34 所示，考虑到两个框之间的距离也是评价回归损失的重要指标，设置了一个可以将两个框包裹住的最小矩形，此矩形的对角线距离为 c。但是有可能出现两个框互相包裹的情况，此时的 c 即为两框的对角线距离，无法发挥作用，所以引入两个框的中心点距离 d。此时仍有可能出现两个框的中心点重合的情况，c 和 d 都会失去作用，所以又引入框的宽高比。最终形成的 CIoU 公式如下：

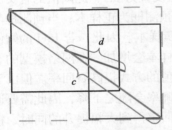

图 6.34　CIoU 计算示意图

$$\text{CIoU} = \frac{d^2}{c^2} + \alpha v \tag{6.5}$$

$$\alpha = \frac{v}{(1-\text{IoU}) + v} \tag{6.6}$$

$$v = \frac{4}{\pi^2}\left(\arctan\frac{w^{\text{gt}}}{h^{\text{gt}}} - \arctan\frac{w}{h}\right)^2 \tag{6.7}$$

式中，w^{gt} 和 h^{gt} 代表真实框宽和高的值；v 为衡量长宽比一致性的参数；α 为正权衡参数。CIoU 的损失计算公式为

$$L_{\text{CIoU}} = 1 - \text{IoU} + \frac{d^2}{c^2} + \alpha v \tag{6.8}$$

在本节改进网络模型的基础上，将目标框位置回归损失计算的 IoU 替换为 CIoU，阈值仍设置为 0.40，接着在分辨率为 672×672 像素的 RV 减速器针齿目标检测数据集上进行训练测试，训练过程的损失函数、精确率和召回率如图 6.35 所示。最终网络模型的损失值为 0.0027，精确率为 94.34%，召回率为 91.26%。相较 IoU，采用 CIoU 后精确率提高了 5.67 个百分点，召回率降低了 7.18 个百分点。

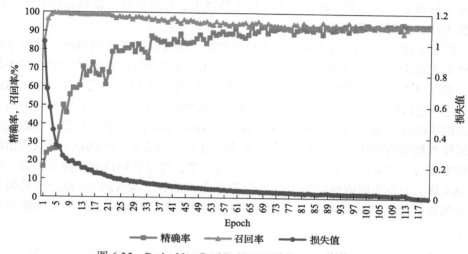

图 6.35　RetinaNet+ResNet50+CBAM+CIoU 训练过程

5. 选择锚框

在 RetinaNet 目标检测网络模型的目标框位置回归中，预设了一批框的大小和间隔，将这些框投影到图像中作为预测框。图 6.36 中整齐排列的框为预测框，呈圆弧状排列的框为真实框，预测框与真实框的重合程度越高，则认为预测框为正

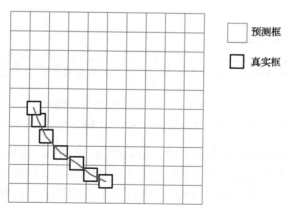

图 6.36　针齿预测框与真实框重合程度示意图

样本，反之则为负样本。

在 RV 减速器针齿目标检测数据集的图像中，针齿的分布是有一定规律的。RV 减速器装配体中一共需要安装 40 个针齿，安装位置分布在一个圆形的边上，且针齿一般是按照顺时针或者逆时针的顺序依次安装。如图 6.36 所示，在安装某一个针齿安装时，已安装的针齿所在的位置为图中真实框，可以推测，距离真实框越近的地方，预测框正样本出现的可能性越大，而距离真实框越远的地方，预测框正样本出现的可能性越小。

根据上述规律，在用 CIoU 筛选预测框时，需要同时考虑到预测框是否分布在已安装针齿所组成的圆弧区域内，因此将当前图像中所有真实框的中心点连起来，即图 6.36 中真实框中点的连线。当预测框的中心点与这条线上任意一点的距离小于一定值时，即认为这个预测框是质量较高的正样本，将这种方法命名为基于距离的锚框选择（distance based anchor box selection，DBAS）算法，该算法可以在提高正样本数量的同时，降低低质量样本被分为正样本的概率。将 DBAS 算法得出的正样本集合与 CIoU 筛选出的正样本集合做并集，即得到最终的正样本集合。将 DBAS 算法的距离阈值设定为 10，在分辨率为 672×672 像素的 RV 减速器针齿目标检测数据集上进行训练测试，训练过程的损失函数、精确率和召回率如图 6.37 所示。

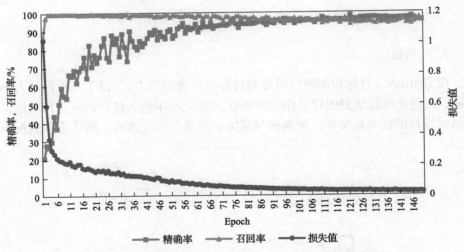

图 6.37　RetinaNet+ResNet50+CBAM+CIoU+DBAS 训练过程

最终网络模型的损失值为 0.0249，精确率为 97.07%，召回率为 96.83%，精确率提升了 2.73 个百分点，召回率提升了 5.57 个百分点，精确率和召回率都达到了一个较好的效果。改进 RetinaNet 模型各个结构的性能对比如表 6.7 所示。

表 6.7 改进 RetinaNet 模型结构的性能对比

模型	损失值	精确率/%	召回率/%
RetinaNet+ResNet50+IoU0.5	0.0003	95.35	2.58
RetinaNet+ResNet50+CBAM+IoU0.5	0.0006	96.18	4.00
RetinaNet+ResNet50+CBAM+IoU0.4	0.0235	88.67	98.44
RetinaNet+ResNet50+CBAM+CIoU0.4	0.0027	94.34	91.26
RetinaNet+ResNet50+CBAM+CIoU0.4+DBAS	0.0249	97.07	96.83

6.3.2 改进 RetinaNet 模型与 YOLOv5s 模型对比

为了测试改进 RetinaNet 目标检测网络模型在 RV 减速器针齿目标检测数据集上的真实效果，将其训练结果与其他目标检测网络训练结果做对比，如果改进 RetinaNet 目标检测网络模型的效果较好，则证明对于 RetinaNet 模型的改进是有针对性的、有实际意义的。因此，选择当前主流的目标检测网络 YOLOv5 与改进 RetinaNet 目标检测网络做对比。

1. YOLOv5 目标检测网络模型结构

YOLOv5 系列包含结构不同的若干模型，其中 YOLOv5s 是 YOLOv5 系列中网络深度最小、特征图最小的网络结构，也是最为常用的网络结构，因此使用 YOLOv5s 与改进 RetinaNet 模型做对比。YOLOv5s 模型及各模块结构如图 6.38 所示。

YOLOv5s 模型分为输入、骨干网络、特征融合和预测四部分。在输入部分，对图像进行 Mosaic 数据增强，扩充图像数量，丰富图像特征。在骨干网络部分，Focus 模块将特征图进行切片，可将 608×608×3 的输入图像切片为 304×304×12 的特征图，再通过一个卷积核尺寸为 32 的卷积操作，最终得到 304×304×32 的特征图。CSP（cross stage partial，跨阶段局部网络）[177]模块先将输入特征图分为两部分，一部分通过多个残差单元提取特征，另一部分直接通过卷积后与第一部分的输出拼接，起到在保证准确的前提下降低计算量的作用。其中有两种 CSP 模块，即 CSP1_x 和 CSP2_x，二者的区别在于残差单元数量不同。SPP（spatial pyramid pooling，空间金字塔池化）模块用于将不同尺寸的特征图通过最大池化的方式统一为相同的尺寸，并送入特征融合部分。在特征融合部分，特征图经过自上而下的 FPN 单向融合后，又经过两个自下而上的 PANET[178]结构，可保留网络的浅层信息和深层信息，加强特征融合的能力。在预测部分，使用 CIoU 作为目标框位置回归损失计算的方式。

2. 性能对比

改进 RetinaNet 模型与 YOLOv5s 模型性能对比如表 6.8 所示。相较于 YOLOv5s

模型，改进 RetinaNet 模型的精确率高 0.33 个百分点，召回率高 0.01 个百分点，略好于 YOLOv5s 模型。

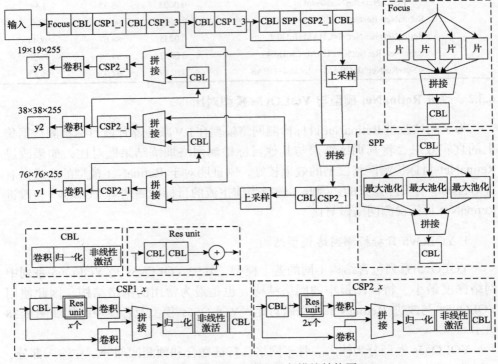

图 6.38 YOLOv5s 模型及各模块结构图

表 6.8 改进 RetinaNet 模型与 YOLOv5s 模型性能对比

模型	损失值	精确率/%	召回率/%
改进 RetinaNet	0.0249	97.07	96.83
YOLOv5s	0.0362	96.74	96.82

在实际的生产过程中，由于数据传输速度或者存储空间的限制，有时无法采集到高分辨率的图像，同时高分辨率图像也会带来推理计算速度慢的问题。因此，需要验证改进 RetinaNet 目标检测网络模型在低分辨率小目标数据集上的表现。在分辨率为 224×224 像素的 RV 减速器针齿目标检测数据集上进行训练，并与 YOLOv5s 模型进行对比。

如表 6.9 所示，相较于 YOLOv5s 模型，改进 RetinaNet 模型的损失值小 0.0167，精确率高 21.61 个百分点，召回率高 23.09 个百分点。可见在低分辨率数据集上，改进 RetinaNet 模型的表现好于 YOLOv5s 模型。因此，本节使用改进 RetinaNet

目标检测网络模型,将其训练权值保存,以应用在后续的部署中。

表 6.9 改进 RetinaNet 模型和 YOLOv5s 模型在低分辨率数据集上的训练结果

模型	损失值	精确率/%	召回率/%
改进 RetinaNet	0.0172	83.60	91.84
YOLOv5s	0.0339	61.99	68.75

6.4 RV 减速器装配监测软件设计

为了将训练完成的深度学习网络模型应用在工程实际中,需要使用工具部署网络模型,再利用部署之后的网络模型推理计算输入图像,最后利用推理计算结果判断 RV 减速器装配过程是否有零件漏装。本节设计 RV 减速器装配监测软件,包括 RV 减速器零件漏装监测单元和针齿安装监测单元,其功能关系如图 6.39 所示,两个单元均具备图像采集、图像预测、相应零件监测以及界面操作模块。RV 减速器装配监测软件在 Windows 10 操作系统中基于 Python 语言编写,用户界面及相关功能通过 Qt 应用程序开发框架实现。

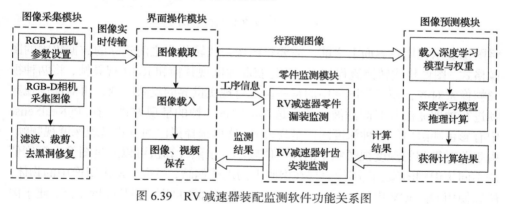

图 6.39　RV 减速器装配监测软件功能关系图

6.4.1　图像采集模块

图像采集模块实现将 RGB-D 相机采集到的图像实时显示在用户界面上的功能,图像采集模型主要利用了 PyRealSense 和 OpenCV 等 Python 第三方库,其流程如图 6.40 所示。

图像采集模块在接收到开始采集的信号后,会判断是否已设置相机参数,若未设置则输出未连接相机提示信息。完成相机参数设置后,使用 Qt 中的 Qtimer 功能设置图像在用户界面上显示的时间间隔,即为用户界面上显示视频的帧数上限。在完成上述设置后,开始视频流的传输,并输出已打开相机的提示信息,在

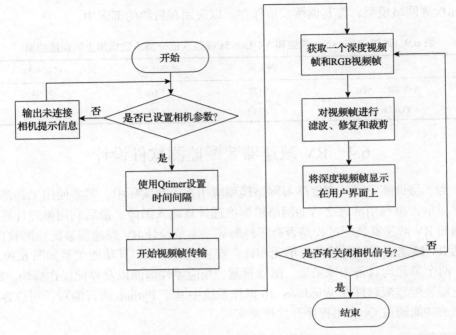

图 6.40 图像采集模块流程图

将图像显示在用户界面上之前，需要将图像格式转化为之前建立的数据集中的图像格式。图像格式转换流程如下：首先获取深度视频帧和 RGB 视频帧，将两种视频帧像素对齐，使二类图像中的每一位置对现实世界的反映一致，再对深度视频帧进行抽取滤波和时间滤波。然后选择深度视频帧的呈现方式，在 PyRealSense 中有彩色和黑白等多种深度图的呈现形式，这里选择黑白的方式呈现深度视频帧。由于此时得到的深度视频帧中的深度值较小，虽然计算机可以通过图像中深度值的不同来识别图像，但图像表现在肉眼上的观感偏暗，很难分辨出图像中的物体，所以使用 OpenCV 中的 ConvertScaleAbs 函数增强深度图，使其亮度变高，便于肉眼观看。最后将深度视频帧裁剪至合适大小，再利用 OpenCV 图像修补函数 inpaint 中的 INPAINT_TELEA 算法进行去黑洞修复，将深度视频帧和 RGB 视频帧显示在用户界面上。此后判断是否有关闭相机的信号，若无则继续获取深度视频帧和 RGB 视频帧，开始下一轮循环，若有则停止循环关闭相机。

图像采集模块中的相机参数设置功能流程如图 6.41 所示。首先通过 PyRealSense 读取相机的产品 ID，若不能读取，则输出未连接相机的提示信息。然后读取产品 ID 之后，判断相机是否支持高级模式（RealSense D400 系列相机均支持高级模式，通过高级模式可以调节相机的深度显示上下限等参数），若不支持高级模式，则输出未找到支持高级模式的 D400 系列相机提示信息；若支持高级模式，则启动高级模式，打开并载入预先编写的 json 文件，其中记录了相机的各项高级设置，通过读取这个文件可达到改变相机设置的目的。最后根据 json 文件设置相机各项高级参数，再设置深度视频流和 RGB 视频流的分辨率、帧率和通道等参数。本节将深度视频流设置为分辨率 1280×720 像素，帧率 30fps，单通道 16 位；RGB 视频流设置为分辨率 1280×720 像素，帧率 30fps，三通道 24 位。

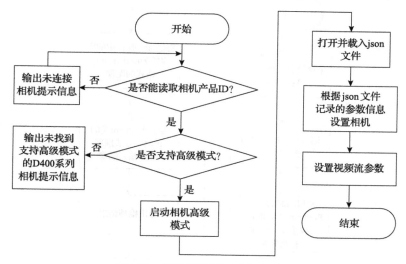

图 6.41　相机参数设置功能流程图

6.4.2　图像预测模块

在应用训练好的深度学习模型之前，需要利用深度学习模型部署工具将网络模型和参数权值转化为适合于实际应用的格式。图像预测模块主要包括读取网络模型、推理计算输入图像、获得计算结果的功能。图像预测模块在进行计算时，会占用大量的硬件资源，因此将图像预测模块放置到子线程中独立运算，防止软件卡顿。

1. PaddleX 深度学习模型部署流程

PaddleX 是一种深度学习全流程开发工具，可将 PaddlePaddle 框架下训练的 Fast R-SCNN 语义分割网络和 YOLOv3 目标检测网络分别导出为_model_文件和_params_文件。其中_model_文件保存了网络模型的结构，_params_文件保存了网络模型的权值，RV 减速器零件漏装监测单元的图像预测通过读取这两个文件实现。

RV 减速器零件漏装监测单元图像预测流程如图 6.42 所示。首先选择当前正在进行的装配工序,并选择用于此工序的模型文件;接着使用 PaddleX 中的 Predictor 类读取上述模型的权值文件创建模型实例;然后将用户界面 QLabel 控件中待预测的图像由 QPixmap 格式转化为三通道 RGB 且数据类型为 float32 的格式;最后使用 Predictor 类的 predict 方法推理计算输入图像,将推理计算结果导出。

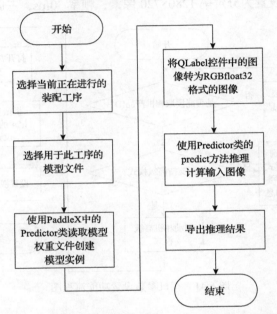

图 6.42　RV 减速器零件漏装监测单元图像预测流程图

2. OpenVINO 深度学习模型部署流程

在使用 OpenVINO 工具对深度学习模型推理计算之前,需要先将 PyTorch 框架下的深度学习模型转换为 OpenVINO 工具可加载的格式。首先使用 PyTorch 中的 torch_onnx.export 方法将 PyTorch 框架的模型转为 ONNX 框架的模型,再利用 OpenVINO 的模型转化工具将 ONNX 框架的模型转为 IR 文件,IR 文件包括 bin 和 xml 两个文件,xml 文件保存了模型的结构,bin 文件保存了模型的权值。

RV 减速器针齿安装监测单元图像预测流程如图 6.43 所示。首先使用 OpenVINO 工具中的 IECore 类创建推理引擎实例;接着使用 IECore 类的方法 read_network 读取模型结构和权值文件;然后使用 load_network 方法选择推理计算模型的硬件,这里可以选择 CPU 或 GPU 等硬件;最后使用 infer 方法推理计算此时的视频帧,将推理计算结果导出。

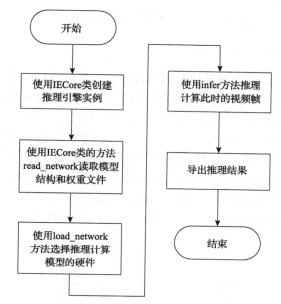

图 6.43　RV 减速器针齿安装监测单元图像预测流程图

3. 两种深度学习模型部署工具对比

两种深度学习模型部署工具的主要区别如下：

(1) PaddleX 工具的部署更为方便快捷。在使用 PaddleX 工具支持的 PaddlePaddle 框架深度学习模型进行训练后，直接使用 PaddleX 工具的导出功能即可将模型结构和权值导出为相应文件。而在 OpenVINO 工具导出模型结构和权值前，需要将网络模型的框架转换为 ONNX 或 TensorFlow，在转换的过程中可能出现框架版本不兼容、模型结构中个别算子不支持等问题。

(2) OpenVINO 工具的推理计算速度更快。OpenVINO 工具针对 Intel 品牌的 CPU 进行了推理计算优化，所以在使用该品牌 CPU 作为推理计算硬件时，部署的深度学习模型运算速度更快。

(3) PaddleX 工具的软件支持打包为可执行文件。使用 PaddleX 工具部署深度学习模型时，可将软件打包为可执行文件，而 OpenVINO 工具则需要在计算机中配置相应软件运行环境后才可使用。

6.4.3　零件监测模块

图像预测模块中得出的推理计算结果是以特殊的数据格式存储的，为了判断 RV 减速器的装配和针齿安装情况，并将推理计算结果可视化，需要将推理计算结果进行一系列处理。因此，零件监测模块包含 RV 减速器零件漏装监测算法和针齿安装监测算法，处理计算结果，并实现结果可视化。

1. RV 减速器零件漏装监测算法

RV 减速器零件漏装监测算法分为两部分，一是对外壳、左行星架、小轴承、大轴承和曲轴等较大且相互遮挡的零件的语义分割，二是对螺钉的目标检测。

基于语义分割的 RV 减速器零件漏装监测算法的流程如图 6.44 所示。首先提取推理结果中的标签类别数量，与当前工序应有的零件类别数量对比，判断当前图像所包含的零件。然后提取推理结果中的标签掩码图，给对应的标签处上色，生成 RGB 掩码图及其对应的灰度图。接着在灰度图中提取每个零件的边界，根据边界数量判断每类零件的数量。最后将 RGB 掩码图显示在用户界面的 QLabel 控件上作为语义分割结果可视化图像，同时将零件的类别和数量信息显示在用户界面的信息栏中。

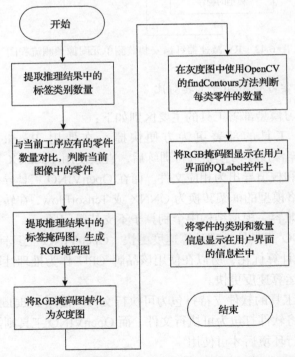

图 6.44　基于语义分割的 RV 减速器零件漏装监测算法流程图

基于目标检测的 RV 减速器螺钉漏装监测算法的流程如图 6.45 所示。首先提取推理结果中的目标框位置信息，包括目标框的长、宽和左上角点坐标，根据用户界面上设置的置信度阈值筛选掉置信度小的目标框，并在原图像上画出所有目标框。然后统计目标框的数量,判断螺钉的数量。最后将画有目标框的图像显示在用户界面的 QLabel 控件上,同时将螺钉数量显示在用户界面的信息栏中。

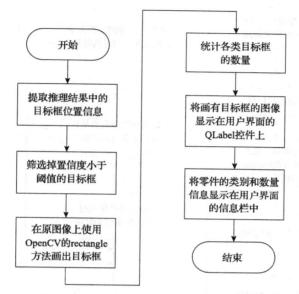

图 6.45 基于目标检测的 RV 减速器螺钉漏装监测算法流程图

2. RV 减速器针齿安装监测算法

RV 减速器针齿安装监测算法对视频流中的针齿数量进行实时检测,以达到统计针齿数量、监测针齿是否漏装的目的。此监测算法需要逐帧检测视频流。

RV 减速器针齿安装监测算法的流程如图 6.46 所示。类似螺钉目标检测流程,首先在原图像中画出目标框,统计当前图像的针齿数量。然后将针齿数量值写入数量队列,数量队列的作用是保存最近 5 帧图像的针齿数量检测结果,如图 6.47(a)所示,此时最近 5 帧图像的针齿数量均为 2,用户界面上显示的针齿数量也为 2;判断新写入的数值是否大于用户界面上显示的针齿数量,如图 6.47(b)所示,数量队列中最右侧新写入的 3 大于用户界面上显示的 2;由于预测图像的正确率不是 100%,可能会出现某 1 帧预测错误的情况,如图 6.47(c)所示,其中有 1 帧预测为 3 个针齿;为了消除预测错误影响,需要判断队列中的其他值是否都等于新写入的值,若前 4 帧都与新 1 帧数量相等,则认为此时针齿数量增加 1,如图 6.47(d)所示,队列中所有值均为 3,则认为此时已安装了 3 个针齿。最后将用户界面中显示的针齿数量改为新值。

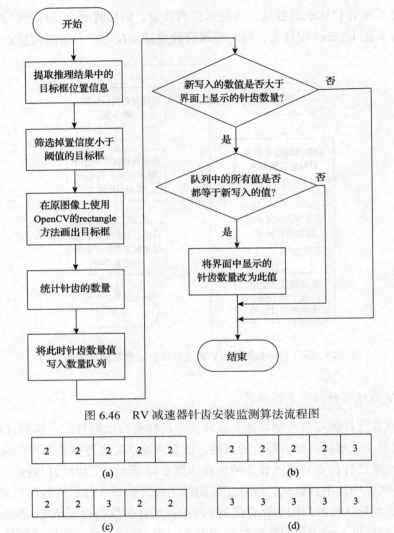

图 6.46 RV 减速器针齿安装监测算法流程图

图 6.47 针齿数量队列示意图

6.4.4 界面操作模块

界面操作模块主要包括图像截取、图像载入、图像保存、视频保存等功能。其中工序选择功能通过 QComboBox 类实现利用下拉菜单选择当前工序。除此之外，还有使用 QTextEdit 类实现的软件运行过程的信息显示功能，使用 QLabel 类实现的关键信息显示功能等。

1. 图像截取功能

图像截取功能用于截取用户界面上正在显示的视频流的当前帧，并显示在用户界面的另一位置等待预测。图像截取功能流程如图 6.48 所示，在接收到截取图像的信号后，首先从用户界面上显示视频的 QLabel 控件中截取当前帧，之后判断是否截取成功，若没有截取成功，则输出无待截取图片提示信息。截取视频帧成功后，将截取的视频帧显示在用户界面上的另一 QLabel 控件上，并输出截取成功提示信息。

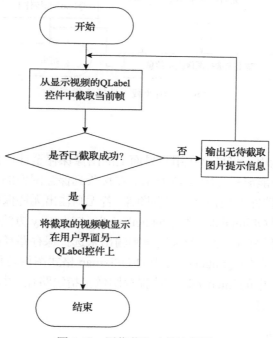

图 6.48　图像截取功能流程图

2. 图像载入功能

图像载入功能用于读取计算机本地的图像，并显示在用户界面上等待预测。图像载入功能流程如图 6.49 所示。在接收到载入图像的信号后，首先使用 QFileDialog 类的 getOpenFileName 方法打开本地计算机文件目录，选择要载入的图像文件，接着判断是否已选择图像文件，若未选择则输出未选择图像提示信息。在选择图像后，将该图像转换为 QPixmap 格式，再使用 QLabel 控件的 setScaledContents 方法设置图像在 QLabel 控件上的显示形式为填充。最后将图像显示在用户界面 QLabel 控件上，同时将图像的路径信息显示在 QTextEdit 控件上。

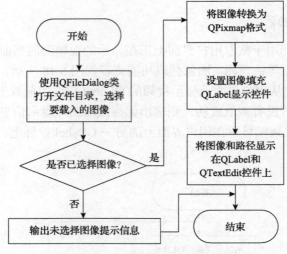

图 6.49　图像载入功能流程图

3. 图像保存功能

图像保存功能用于将显示在用户界面上的图像保存至计算机本地，以便后期查看。图像保存功能流程如图 6.50 所示。在接收到保存图像的指令后，首先判断用户界面 QLabel 控件上是否有待保存图像，若无则输出无待保存图像提示信息并退出，若有则使用 QFileDialog 类中的 getExistingDirectory 方法选择保存路径。然后判断是否已选择保存路径，若未选择则输出未选择保存路径提示信息并退出，若已选择则将待保存的 QLabel 控件中的 QPixmap 格式图像转化为 numpy 格式。最后使用 OpenCV 中的 imencode 方法保存图像至指定路径，并输出已保存图像至保存路径的提示信息。

4. 视频保存功能

视频保存功能用于将在用户界面上实时显示的视频保存至计算机本地，以便后期查看。视频保存功能流程如图 6.51 所示。在接收到保存视频的指令后，首先判断是否有待保存视频，若无则输出无待保存视频提示信息并退出，若有则使用 QFileDialog 类中的 getExistingDirectory 方法选择保存路径。然后判断是否已选择保存路径，若未选择则输出未选择保存路径提示信息并退出，若已选择则建立 OpenCV 的 VideoWriter 类的实例，在实例初始化时设置视频参数和保存路径，同时输出开始保存视频信息。最后取出 QLabel 控件中 QPixmap 格式的当前视频帧并转化为 numpy 格式，使用 VideoWriter 类中的 write 方法将这一帧写入视频，判断是否有停止保存视频的指令，若无则继续取出当前帧写入视频，不断循环，直到接收到停止保存视频的指令。

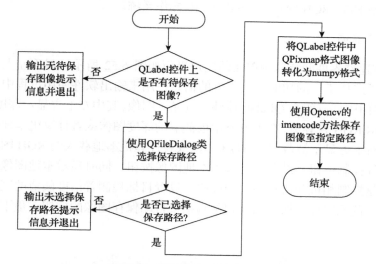

图 6.50　图像保存功能流程图

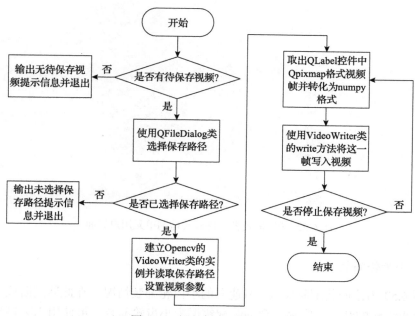

图 6.51　视频保存功能流程图

6.4.5　RV 减速器零件漏装监测实验

安装 RV 减速器装配监测软件，连接计算机与 RV 减速器装配图像采集试验台，验证 RV 减速器零件漏装监测单元的实际应用效果。实验环境如下：CPU 为 Intel Core i5-6300HQ，8GB 内存，Windows 10 操作系统。

1. 用户界面

RV 减速器零件漏装监测单元的用户界面如图 6.52 所示。界面左上方的下拉菜单实现了选择工序的功能，左下方的信息栏用来输出软件使用过程中的各类信息提示。界面中部有四个 QLabel 控件负责显示图像，其中左上方显示深度视频流，左下方显示 RGB 视频流，右上方显示被截取的深度图像或者计算机本地载入的深度图像，右下方显示被截取的 RGB 图像或者计算机本地载入的 RGB 图像。界面右侧是各种控制按钮，最上方是载入本地图像按钮，同时显示本地图像的路径，中间依次是控制相机开启和关闭的按钮，设置目标检测置信度阈值的区域和预测命令按钮，截取图像、保存图像和预测结束自动保存图像的按钮，最下方是退出软件按钮。

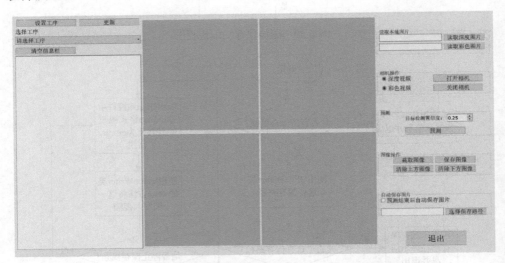

图 6.52　RV 减速器零件漏装监测单元用户界面

2. 小齿轮漏装监测

图 6.53 为第四装配阶段 RV 减速器的小齿轮漏装情况。在此装配阶段中应完成两个小齿轮的装配，容易出现的装配错误为小齿轮漏装，可使用 RV 减速器装配监测软件的 RV 减速器零件漏装监测单元检测第四装配阶段的图像。

此时软件界面如图 6.54 所示。首先打开相机显示深度视频，选择第四装配阶段。然后截取当前的视频图像，对该图像进行语义分割预测，在左侧的信息栏中显示预测结果为当前有小轴承 1 个、密封圈 1 个、右行星架 1 个、外壳 1 个、小齿轮 1 个和曲轴 2 个。根据第四装配阶段的零件标准，当前零件类别应为密封圈 1 个、右行星架 1 个、外壳 1 个、小齿轮 2 个和曲轴 2 个，两者对比，前者缺少一个小齿轮，软件由此得出缺少一个小齿轮的判断。多出一个小轴承的判断是由于缺少小齿轮后，其下方的小轴承呈现在图像上，此时左侧的信息栏提示缺少一个小齿轮。

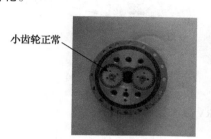 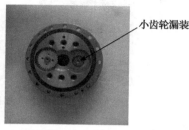

图 6.53　第四装配阶段 RV 减速器小齿轮漏装实物图

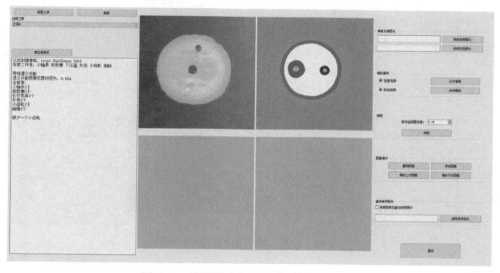

图 6.54　检测到小齿轮漏装时的用户界面

预测完成后可保存当前的预测结果，图像默认命名为当前的系统时间，方便后期追溯装配过程中出现的问题。

3. 螺钉漏装监测

图 6.55 为第三装配阶段 RV 减速器螺钉漏装情况。在此装配阶段中应完成四个螺钉的装配，容易出现的装配错误为螺钉漏装，可使用 RV 减速器装配监测软件的 RV 减速器零件漏装监测单元检测第三装配阶段的图像。

此时软件界面如图 6.56 所示。首先打开相机显示 RGB 视频，选择第三装配阶段，截取当前的视频图像，对该图像进行目标检测预测，在左侧的信息栏中显示预测结果为当前有 1 个螺钉。根据第三装配阶段的零件标准，当前应有螺钉 4 个，两者对比，缺少 3 个螺钉，软件由此得出缺少 3 个螺钉的判断。

图 6.55　第三装配阶段 RV 减速器螺钉漏装实物图

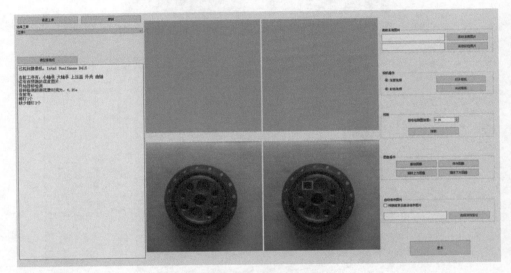

图 6.56　检测到螺钉漏装时的用户界面

6.4.6　RV 减速器针齿安装监测实验

1. 用户界面

RV 减速器针齿安装监测单元的用户界面如图 6.57 所示。界面左侧的 QLabel 控件负责显示相机采集的视频流，右上方有四个按钮，分别为开始检测、停止检测、开始保存视频和停止保存视频，其中开始检测和停止检测按钮负责发送开启和停止相机的信号，当打开相机时，软件就会逐帧检测。按钮下方的信息栏可以输出软件在使用过程中的各类信息提示。最下方是退出软件按钮。

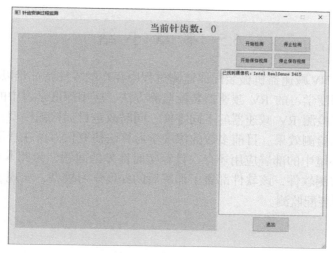

图 6.57 针齿安装监测单元的用户界面

2. 针齿安装监测

在 RV 减速器安装针齿时,打开 RV 减速器装配监测软件的针齿安装监测单元。首先单击用户界面右上方的开始检测按钮,相机采集的视频流被软件逐帧检测后显示在界面上,如图 6.58(a)所示,此时 RV 减速器已安装 8 个针齿,图像中 8 个针齿的位置被方框标出,同时界面上方实时统计显示当前针齿数为 8。然后再安装一个针齿,此时的用户界面如图 6.58(b)所示,图像中 9 个针齿的位置被方框标出,同时界面上方实时统计显示当前针齿数为 9。

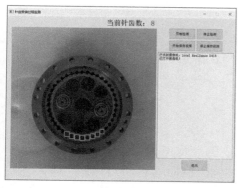

(a) 针齿数为 8

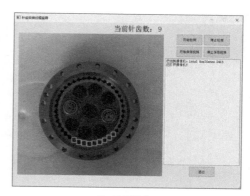

(b) 针齿数为 9

图 6.58 针齿安装时软件界面

6.5 本章小结

本章针对RV减速器机械装配体监测过程中存在的零件特征难以提取的问题，研究了基于深度学习的 RV 减速器装配监测方法，应用深度学习中的语义分割和目标检测技术检测 RV 减速器的不同零件，同时改进目标检测模型，提高了体积较小的针齿的检测效果。目前多数的深度学习算法研究仅停留在理论层面，网络模型在生产环境中的部署应用还存在计算实时性差的问题，为此本章设计了 RV 减速器装配监测软件，该软件部署了训练后的深度学习模型，实现了工业场景下的 RV 减速器装配监测。

第 7 章 总结与展望

7.1 本书总结

深度学习技术的大量涌现促进了智能制造业的发展。针对人工装配易出错的问题，本书利用计算机视觉和深度学习技术，从装配动作识别、机械装配体多视角变化检测与位姿估计、RV 减速器装配监测与深度学习模型部署三个方面，研究装配过程监测方法。

本书相关研究和主要内容如下：

(1) 构建了基于注意力时空特征的网络新架构，实现了基于表面肌电信号和惯性信号的装配动作识别方法。该网络模型由数据输入层、时空特征提取层、注意力模块和全连接分类层组成，时空特征提取层是一种融合了因果卷积和扩张卷积的残差模块堆叠序列建模结构，具有提取装配动作的时间序列特征的能力。提出了基于注意力机制和多尺度特征融合的图卷积网络模型的车间人员装配动作识别模型，该模型将图卷积网络应用于装配动作识别任务中，能够提取装配动作与装配工具之间的潜在关系特征进而提高装配动作识别准确率；而注意力机制增强了网络对装配行为图像中关键信息的提取能力，多尺度的特征融合模块使网络能够更好地提取不同尺度下的图像特征。提出了基于视频帧运动激励聚合和时序差分的装配动作识别网络模型，该模型主要由运动激励与聚合模块和时序差分模块两部分组成，网络模型骨干是在残差网络 ResNet101 的基础上，通过添加运动激励模块、时间聚合模块和时序差分模块三个模块构成，用于捕获连续视频帧的短期和长期时间特征，增强了模型的感受野，提高了对于装配动作的识别精度。

(2) 提出了基于深度图像注意力机制特征提取的装配体多视角变化检测方法，该方法包含语义融合网络和多视角变化检测网络。语义融合网络融合语义图像与深度图像，获得融合图像，增强了图像特征信息多样性。将自注意力机制和多尺度特征融合机制应用于多视角变化检测网络中，自注意力机制捕获特征信息全局位置依赖性，多尺度特征融合机制有效融合了高维语义信息和低维空间信息。提出了一种基于三维注意力和双边滤波的多视角变化检测方法。通过引入三维注意力机制，使网络更好地关注特征图中的重要信息，忽略特征图中的不重要信息；增加双边滤波算法过滤变化图像，消除图像中的无关像素点。研究了基于深度学习的机械装配体零件多视角位姿估计方法，能够从不同视角对低纹理、颜色单一的装配体零件进行姿态估计，有效判断零件在空间坐标系中的姿态信息，可适用于机械装配姿态监测。

（3）提出了基于特征融合和深度特征提取的机械装配体多视角变化检测方法。为了减少网络深度增加造成的特征信息丢失问题，设计了一种特征融合结构，使网络能够提取到更多的特征信息；增加深度特征提取模块提取图像的深度特征，提高网络的特征表达能力；使用深度可分离卷积减少特征融合结构和深度特征提取模块增加的参数量。提出了基于机械装配体多视角语义变化检测的装配顺序监测方法，引入一种密集连接的跳跃融合机制，丰富了网络特征信息量。研究了一种融合上下文特征信息的自注意力机制，充分利用上下文特征信息指导动态注意力矩阵学习，提升了网络架构的监测性能。提出了一种语义步骤识别模块，该模块能够有效识别变化零部件当前所处装配阶段。

（4）搭建了 RV 减速器装配图像采集试验台，建立了三类数据集，分别为 RV 减速器装配过程语义分割数据集、RV 减速器螺钉目标检测数据集和 RV 减速器针齿目标检测数据集，并进行了数据集预处理。针对 RV 减速器装配过程中各个零件的特点，提出了基于深度学习的 RV 减速器装配体零件检测方法，使用语义分割算法检测装配体中相互遮挡且体积较大的零件，使用目标检测算法检测装配体中体积较小、相互独立且嵌入其他零件中的零件，并选取 U-Net、Fast R-SCNN 和 HRNet 语义分割网络模型在 RV 减速器装配过程语义分割数据集上训练，选取 YOLOv3、PP-YOLO 和 Fast R-CNN 目标检测网络模型在 RV 减速器螺钉目标检测数据集上训练。训练结果表明，Fast R-SCNN 模型在结果精度、推理速度和模型轻量化程度上均优于另外两个语义分割网络模型，YOLOv3 模型在检测精度和推理速度上优于另外两个目标检测网络模型。针对 RV 减速器装配体中针齿的特点，改进了 RetinaNet 目标检测网络模型的特征提取骨干网络、注意力机制、交并比算法和锚框选择算法，并使用 YOLOv5s 模型与其对比。实验结果表明，改进 RetinaNet 目标检测网络模型在大分辨率和小分辨率数据集上均有较好的表现。针对深度学习模型在实际工程应用中部署难的问题，开发了 RV 减速器装配检测软件，软件包括 RV 减速器零件漏装监测和针齿安装监测两个单元，并分别利用 PaddleX 工具和 OpenVINO 工具实现了两个单元的功能，同时对比了 PaddleX 工具和 OpenVINO 工具的优缺点。实验结果表明，RV 减速器装配过程检测软件可以正确监测装配中各类零件是否存在漏装情况。

7.2 研究展望

本书建立了机械装配动作识别、变化检测等数据集，研究了一系列装配监测方法，建立了 RV 减速机装配监测系统，但由于装配过程的复杂性，相关研究内容仍需进一步深入和拓展，为此，提出以下几点展望：

（1）目前人体动作识别研究主要针对于手部动作，为了更好地应用于机械领域，还需要研究人体其他部位的信号识别方法，而信号采集方式是人体动作识别的关键。穿戴式传感器具有低成本、低延迟以及不受光照等外部环境的干扰等优势，而视觉传感器则具有精度高、视角广、无需佩戴等特点，因此，针对不同的环境探索应采用不同的信号采集方法。

（2）本书以减速器的装配为例，建立变化检测和目标检测数据集，所研究的变化零部件均不存在遮挡问题，但在机械装配体中存在许多被遮挡住的小零件，因此，解决零部件的遮挡问题，提高网络模型的实用性是未来的研究方向之一。另外本书的多视角变化检测网络和目标检测网络使用的数据集都需要标签，但是建立物理图像数据集的标签比较复杂，因此，研究无监督的变化检测和目标检测方法也是未来的研究方向之一。

参 考 文 献

[1] Rodriguez L, Quint F, Gorecky D, et al. Developing a mixed reality assistance system based on projection mapping technology for manual operations at assembly workstations[J]. Procedia Computer Science, 2015, 75: 327-333.

[2] 刘庭煜, 陆增, 孙毅锋. 基于三维深度卷积神经网络的车间生产行为识别[J]. 计算机集成制造系统, 2020, 26(8): 2143-2156.

[3] 王天诺. 基于深度学习的装配操作监测研究[D]. 青岛: 青岛理工大学, 2019.

[4] 刘小峰. 基于阶比分析方法的汽车变速箱装配质量在线监测[D]. 合肥: 安徽大学, 2016.

[5] 徐迎. 手工装配气动工具操作状态监测研究[J]. 机械制造, 2021, 59(5): 69-70, 87.

[6] 谢贺年, 王俊玲. 航空发动机修理装配中活塞倾斜度自动监测方法[J]. 自动化与仪器仪表, 2019, (12): 98-101.

[7] 田中可, 陈成军, 李东年, 等. 基于深度图像的零件识别及装配监测[J]. 计算机集成制造系统, 2020, 26(2): 300-311.

[8] 田中可, 陈成军, 李东年, 等. 基于PX-LBP和像素分类的装配体零件识别研究[J]. 机电工程, 2019(3): 236-243.

[9] 李勇. 基于机器视觉的弹簧装配检测[J]. 计量与测试技术, 2020, 47(12): 18-20.

[10] 王必贤, 陆培民, 钱慧. 基于图像识别的辅助装配系统研究[J]. 长江信息通信, 2021, 34(5): 39-41.

[11] 张春林. 基于深度学习的机械装配体深度图像语义分割方法研究[D]. 青岛: 青岛理工大学, 2021.

[12] 黄凯. 基于表面肌电信号的螺栓装配监测研究[D]. 青岛: 青岛理工大学, 2021.

[13] Chen C, Jafari R, Kehtarnavaz N. A survey of depth and inertial sensor fusion for human action recognition[J]. Multimedia Tools and Applications, 2017, 76(3): 4405-4425.

[14] 张旭. 基于表面肌电信号的人体动作识别与交互[D]. 合肥: 中国科学技术大学, 2010.

[15] Wang A, Chen G, Yang J, et al. A comparative study on human actiy recognition using inertial sensors in a smartphone[J]. IEEE Sensors Journal, 2016, 16(11): 4566-4578.

[16] Junker H, Amft O, Lukowicz P, et al. Gesture spotting with body-worn inertial sensors to detect user actiies[J]. Pattern Recognition, 2008, 41(6): 2010-2024.

[17] Attal F, Mohammed S, Dedabrishvili M, et al. Physical human actiy recognition using wearable sensors[J]. Sensors, 2015, 15(12): 31314-31338.

[18] Dernbach S, Das B, Krishnan N C, et al. Simple and complex actiy recognition through smart phones[C]. Eighth International Conference on Intelligent Environments, Guanajuato, 2012: 214-221.

[19] Ramanathan M, Yau W Y, Teoh E K. Human action recognition with video data: Research and evaluation challenges[J]. IEEE Transactions on Human-Machine Systems, 2014, 44(5): 650-663.

[20] Altun K, Barshan B. Human activity recognition using inertial/magnetic sensor units[C]. International Workshop on Human Behavior Uunderstanding, Istanbul, 2010: 38-51.

[21] Ekaterina K, David L, Ralf B, et al. Wearable sensors for elearning of manual tasks: Using forearm EMG in hand hygiene training[J]. Sensors, 2016, 16(8): 1-10.

[22] Ngo T T, Makihara Y, Nagahara H, et al. Similar gait action recognition using an inertial sensor[J]. Pattern Recognition, 2015, 48(4): 1289-1301.

[23] 蒋平, 李自育, 陈阳泉. 迭代学习神经网络控制在机器人示教学习中的应用(英文)[J]. 控制理论与应用, 2004, (3): 447-452.

[24] Tao W, Lai Z H, Leu M C, et al. Worker activity recognition in smart manufacturing using IMU and sEMG signals with convolutional neural networks[J]. Procedia Manufacturing, 2018, 26: 1159-1166.

[25] Al-Amin M, Qin R, Tao W, et al. Sensor data based models for workforce management in smart manufacturing[C]. Proceedings of the Institute of Industrial and Systems Engineers Annual Conference, Orlando, 2018:1955-1960.

[26] Aehnelt M, Gutzeit E, Urban B, et al. Using activity recognition for the tracking of assembly processes: Challenges and requirements[C]. Proceedings of the Workshop on Sensor-Based Activity Recognition, 2014: 12-21.

[27] Ward J A, Lukowicz P, Troster G, et al. Activity recognition of assembly tasks using body-worn microphones and accelerometers[J]. IEEE Transactions on Pattern Analysis and Machine Intelligence, 2006, 28(10): 1553-1567.

[28] Stiefmeier T, Roggen D, Troster G. Fusion of string-matched templates for continuous activity recognition[C]. 11th IEEE International Symposium on Wearable Computers, Boston, 2007: 41-44.

[29] Stiefmeier T, Roggen D, Ogris G, et al. Wearable activity tracking in car manufacturing[J]. IEEE Pervasive Computing, 2008, 7(2): 42-50.

[30] Al-Amin M, Qin R, Tao W, et al. Fusing and refining convolutional neural network models for assembly action recognition in smart manufacturing[J]. Proceedings of the Institution of Mechanical Engineers, Part C: Journal of Mechanical Engineering Science, 2020, 236(4): 2046-2059.

[31] Ogris G, Lukowicz P, Stiefmeier T, et al. Continuous activity recognition in a maintenance scenario: Combining motion sensors and ultrasonic hands tracking[J]. Pattern analysis and applications, 2012, 15(1): 87-111.

[32] Koskimaki H, Huikari V, Siirtola P, et al. Activity recognition using a wrist-worn inertial measurement unit: A case study for industrial assembly lines[C]. 17th Mediterranean Conference on Control and Automation, Thessaloniki, 2009: 401-405.

[33] Chang W, Dai L, Sheng S, et al. A hierarchical hand motions recognition method based on IMU and sEMG sensors[C]. IEEE International Conference on Robotics and Biomimetics, Zhuhai, 2015: 1024-1029.

[34] Maekawa T, Nakai D, Ohara K, et al. Toward practical factory activity recognition: Unsupervised understanding of repetitive assembly work in a factory[C]. Proceedings of the ACM International Joint Conference on Pervasive and Ubiquitous Computing, Heidelberg, 2016: 1088-1099.

[35] Wang H, Kläser A, Schmid C, et al. Dense trajectories and motion boundary descriptors for action recognition[J]. International Journal of Computer Vision, 2013, 103(1): 60-79.

[36] Wang H, Schmid C. Action recognition with improved trajectories[C]. Proceedings of the IEEE Iinternational Conference on Computer Vision, Sydney, 2013: 3551-3558.

[37] Warren W H, Kay B A, Zosh W D, et al. Optic flow is used to control human walking[J]. Nature Neuroscience, 2001, 4(2): 213-216.

[38] Danafar S, Gheissari N. Action recognition for surveillance applications using optic flow and SVM[C]. Asian Conference on Computer Vision, Tokyo, 2007: 457-466.

[39] 陆卫忠, 宋正伟, 吴宏杰, 等. 基于深度学习的人体行为检测方法研究综述[J]. 计算机工程与科学, 2021, 43(12): 2206-2215.

[40] 袁首, 乔勇军, 苏航, 等. 基于深度学习的行为识别方法综述[J]. 微电子学与计算机, 2022, 39(8): 1-10.

[41] 赫磊, 邵展鹏, 张剑华, 等. 基于深度学习的行为识别算法综述[J]. 计算机科学, 2020, 47(S1): 139-147.

[42] Wang Y, Xu W. Leveraging deep learning with LDA-based text analytics to detect automobile insurance fraud[J]. Decision Support Systems, 2018, 105: 87-95.

[43] Krizhevsky A, Sutskever I, Hinton G E. Imagenet classification with deep convolutional neural networks[J]. Communications of the ACM, 2017, 60(6): 84-90.

[44] 周飞燕, 金林鹏, 董军. 卷积神经网络研究综述[J]. 计算机学报, 2017, 40(6): 1229-1251.

[45] 万莹莹. 基于图卷积网络的半监督图分类研究[D]. 桂林: 广西师范大学, 2021.

[46] 徐冰冰, 岑科廷, 黄俊杰, 等. 图卷积神经网络综述[J]. 计算机学报, 2020, 43(5): 755-780.

[47] Yan S, Xiong Y, Lin D. Spatial temporal graph convolutional networks for skeleton-based action recognition[C]. 32nd AAAI Conference on Artificial Intelligence, New Orleans, 2018: 659-684.

[48] Shi L, Zhang Y, Cheng J, et al. Two-stream adaptive graph convolutional networks for skeleton-based action recognition[C]. Proceedings of the IEEE/CVF Conference on Computer

Vision and Pattern Recognition, Dalian, 2019: 12026-12035.

[49] Chen Z M, Wei X S, Wang P, et al. Multi-label image recognition with graph convolutional networks[C]. Proceedings of the IEEE/CVF Conference on Computer Vision and Pattern Recognition, Long Beach, 2019: 5177-5186.

[50] Ye J, He J, Peng X, et al. Attention-driven dynamic graph convolutional network for multi-label image recognition[C]. European Conference on Computer Vision, Glasgow, 2020: 649-665.

[51] Liu Y, Lu Z, Li J, et al. Deep image-to-video adaptation and fusion networks for action recognition[J]. IEEE Transactions on Image Processing, 2019, 29: 3168-3182.

[52] Simonyan K, Zisserman A. Two-stream convolutional networks for action recognition in videos[J]. Advances in Neural Information Processing Systems, 2014: 27-39.

[53] Feichtenhofer C, Pinz A, Zisserman A. Convolutional two-stream network fusion for video action recognition[C]. Proceedings of the IEEE Conference on Computer Vision and Pattern Recognition, Chongqing, 2016: 1933-1941.

[54] 李前, 杨文柱, 陈向阳, 等. 基于紧耦合时空双流卷积神经网络的人体动作识别模型[J]. 计算机应用, 2020, 40(11): 3178-3183.

[55] Feichtenhofer C, Pinz A, Wildes R P. Spatiotemporal multiplier networks for video action recognition[C]. Proceedings of the IEEE Conference on Computer Vision and Pattern Recognition, Honolulu, 2017: 4768-4777.

[56] Tran D, Bourdev L, Fergus R, et al. Learning spatiotemporal features with 3D convolutional networks[C]. Proceedings of the IEEE International Conference on Computer Vision, Santiago, 2015: 4489-4497.

[57] Diba A, Fayyaz M, Sharma V, et al. Temporal 3D ConvNets: New architecture and transfer learning for video classification[J]. arXiv preprint arXiv:1711.08200, 2017.

[58] Sun L, Jia K, Yeung D Y, et al. Human action recognition using factorized spatio-temporal convolutional networks[C]. Proceedings of the IEEE International Conference On Computer Vision, Santiago, 2015: 4597-4605.

[59] 秦宇龙, 王永雄, 胡川飞, 等. 结合注意力与多尺度时空信息的行为识别算法[J]. 小型微型计算机系统, 2021, 42(9): 1802-1809.

[60] Lin J, Gan C, Han S. TSM: Temporal shift module for efficient video understanding[C]. Proceedings of the IEEE/CVF International Conference on Computer Vision, Seoul, 2019: 7083-7093.

[61] He D, Zhou Z, Gan C, et al. StNet: Local and global spatial-temporal modeling for action recognition[C]. Proceedings of the AAAI Conference on Artificial Intelligence, Honolulu, 2019: 8401-8408.

[62] Tran D, Wang H, Torresani L, et al. Video classification with channel-separated convolutional

networks[C]. Proceedings of the IEEE/CVF International Conference on Computer Vision, Seoul, 2019: 5552-5561.

[63] Qiu Z, Yao T, Ngo C W, et al. Learning spatio-temporal representation with local and global diffusion[C]. Proceedings of the IEEE/CVF Conference on Computer Vision and Pattern Recognition, Long Beach, 2019: 12056-12065.

[64] Tran D, Wang H, Torresani L, et al. A closer look at spatiotemporal convolutions for action recognition[C]. Proceedings of the IEEE Conference on Computer Vision and Pattern Recognition, Salt Lake City, 2018: 6450-6459.

[65] Xie S, Sun C, Huang J, et al. Rethinking spatiotemporal feature learning: Speed-accuracy trade-offs in video classification[C]. Proceedings of the European Conference on Computer Vision, Munich, 2018: 305-321.

[66] Zolfaghari M, Singh K, Brox T. ECO: Efficient convolutional network for online video understanding[C]. Proceedings of the European Conference on Computer Vision (ECCV), Munich, 2018: 695-712.

[67] Wang L, Xiong Y, Wang Z, et al. Temporal segment networks: Towards good practices for deep action recognition[C]. Proceedings of the European Conference on Computer Vision, Amsterdam, 2016: 20-36.

[68] Song X, Lan C, Zeng W, et al. Temporal-spatial mapping for action recognition[J]. IEEE Transactions on Circuits and Systems for Video Technology, 2019, 30(3): 748-759.

[69] Li Y, Ji B, Shi X, et al. TEA: Temporal excitation and aggregation for action recognition[C]. Proceedings of the IEEE/CVF Conference on Computer Vision and Pattern Recognition, Seattle, 2020: 909-918.

[70] Wang L, Tong Z, Ji B, et al. TDN: Temporal difference networks for efficient action recognition[C]. Proceedings of the IEEE/CVF Conference on Computer Vision and Pattern Recognition, Nashville, 2021: 1895-1904.

[71] 任秋如, 杨文忠, 汪传建, 等. 遥感影像变化检测综述[J]. 计算机应用, 2021, 41(8): 2294-2305.

[72] Liu Z, Li G, Mercier G, et al. Change detection in heterogenous remote sensing images via homogeneous pixel transformation[J]. IEEE Transactions on Image Processing, 2017, 27(4): 1822-1834.

[73] Zhang P, Gong M, Su L, et al. Change detection based on deep feature representation and mapping transformation for multi-spatial-resolution remote sensing images[J]. ISPRS Journal of Photogrammetry and Remote Sensing, 2016, 116: 24-41.

[74] Gong M, Zhao J, Liu J, et al. Change detection in synthetic aperture radar images based on deep neural networks[J]. IEEE transactions on neural networks and learning systems, 2015, 27(1):

125-138.

[75] Mahdavi S, Salehi B, Huang W, et al. A PolSAR change detection index based on neighborhood information for flood mapping[J]. Remote Sensing, 2019, 11(16): 1854.

[76] Chen C F, Son N T, Chang N B, et al. Multi-decadal mangrove forest change detection and prediction in Honduras, Central America, with Landsat imagery and a Markov chain model[J]. Remote Sensing, 2013, 5(12): 6408-6426.

[77] Gong M, Yang H, Zhang P. Feature learning and change feature classification based on deep learning for ternary change detection in SAR images[J]. ISPRS Journal of Photogrammetry and Remote Sensing, 2017, 129: 212-225.

[78] Guo E, Fu X, Zhu J, et al. Learning to measure change: Fully convolutional siamese metric networks for scene change detection[J]. arXiv preprint arXiv:1810.09111, 2018.

[79] Zhang C, Yue P, Tapete D, et al. A deeply supervised image fusion network for change detection in high resolution bi-temporal remote sensing images[J]. ISPRS Journal of Photogrammetry and Remote Sensing, 2020, 166: 183-200.

[80] Chen H, Shi Z. A spatial-temporal attention-based method and a new dataset for remote sensing image change detection[J]. Remote Sensing, 2020, 12(10): 1662-1684.

[81] Li K, Li Z, Fang S. Siamese NestedUNet networks for change detection of high resolution satellite image[C]. International Conference on Control, Robotics and Intelligent System, Xiamen, 2020: 42-48.

[82] Jaturapitpornchai R, Matsuoka M, Kanemoto N, et al. Newly built construction detection in SAR images using deep learning[J]. Remote Sensing, 2019, 11(12): 1444-1467.

[83] Gao F, Dong J, Li B, et al. Automatic change detection in synthetic aperture radar images based on PCANet[J]. IEEE Geoscience and Remote Sensing Letters, 2016, 13(12): 1792-1796.

[84] Amin A M E, Liu Q, Wang Y. Convolutional neural network features based change detection in satellite images[C]. First International Workshop on Pattern Recognition, Tokyo, 2016: 181-186.

[85] Gao Y, Gao F, Dong J, et al. Change detection from synthetic aperture radar images based on channel weighting-based deep cascade network[J]. IEEE Journal of Selected Topics in Applied Earth Observations and Remote Sensing, 2019, 12(11): 4517-4529.

[86] Du B, Ru L, Wu C, et al. Unsupervised deep slow feature analysis for change detection in multi-temporal remote sensing images[J]. IEEE Transactions on Geoscience and Remote Sensing, 2019, 57(12): 9976-9992.

[87] Luppino L T, Hansen M A, Kampffmeyer M, et al. Code-aligned autoencoders for unsupervised change detection in multimodal remote sensing images[J]. arXiv preprint arXiv:2004.07011, 2020.

[88] He Y, Sun W, Huang H, et al. PVN3D: A deep point-wise 3D keypoints voting network for

6-DOF pose estimation[C]. Proceedings of the IEEE/CVF Conference on Computer Vision and Pattern Recognition, Seattle, 2020: 11632-11641.

[89] Tremblay J, To T, Sundaralingam B, et al. Deep object pose estimation for semantic robotic grasping of household objects[J]. arXiv preprint arXiv:1809.10790, 2018.

[90] Xu D, Anguelov D, Jain A. Pointfusion: Deep sensor fusion for 3D bounding box estimation[C]. Proceedings of the IEEE Conference on Computer Vision and Pattern Recognition, Salt Lake City, 2018: 244-253.

[91] Marchand E, Uchiyama H, Spindler F. Pose estimation for augmented reality: A hands-on survey[J]. IEEE Transactions on Visualization and Computer Graphics, 2015, 22(12): 2633-2651.

[92] Hinterstoisser S, Lepetit V, Ilic S, et al. Model based training, detection and pose estimation of texture-less 3D objects in heavily cluttered scenes[C]. Asian Conference on Computer Vision, Daejeon, 2012: 548-562.

[93] Kendall A, Grimes M, Cipolla R. PoseNet: A convolutional network for real-time 6-DOF camera relocalization[C]. Proceedings of the IEEE International Conference on Computer Vision, Santiago, 2015: 2938-2946.

[94] Gupta K, Petersson L, Hartley R. CullNet: Calibrated and pose aware confidence scores for object pose estimation[C]. Proceedings of the IEEE/CVF International Conference on Computer Vision, Seoul, 2019: 2758-2766.

[95] Li Y, Wang G, Ji X, et al. Deepim: Deep iterative matching for 6D pose estimation[C]. Proceedings of the European Conference on Computer Vision, Munich, 2018: 683-698.

[96] Sundermeyer M, Marton Z C, Durner M, et al. Implicit 3D orientation learning for 6D object detection from RGB images[C]. Proceedings of the European Conference on Computer Vision, Munich, 2018: 699-715.

[97] Rothganger F, Lazebnik S, Schmid C, et al. 3D object modeling and recognition using local affine-invariant image descriptors and multi-view spatial constraints[J]. International Journal of Computer Vision, 2006, 66(3): 231-259.

[98] Tekin B, Sinha S N, Fua P. Real-time seamless single shot 6D object pose prediction[C]. Proceedings of the IEEE Conference on Computer Vision and Pattern Recognition, Salt Lake City, 2018: 292-301.

[99] Oberweger M, Rad M, Lepetit V. Making deep heatmaps robust to partial occlusions for 3D object pose estimation[C]. Proceedings of the European Conference on Computer Vision, Munich, 2018: 119-134.

[100] Suwajanakorn S, Snavely N, Tompson J J, et al. Discovery of latent 3D keypoints via end-to-end geometric reasoning[J]. Advances in Neural Information Processing Systems, 2018,

31-42.

[101] Glasner D, Galun M, Alpert S, et al. Aware object detection and pose estimation[C]. International Conference on Computer Vision, Barcelona, 2011: 1275-1282.

[102] Peng S, Liu Y, Huang Q, et al. PVNet: Pixel-wise voting network for 6-DOF pose estimation[C]. Proceedings of the IEEE/CVF Conference on Computer Vision and Pattern Recognition, Long Beach, 2019: 4561-4570.

[103] Wang C, Xu D, Zhu Y, et al. DenseFusion: 6D object pose estimation by iterative dense fusion[C]. Proceedings of the IEEE/CVF Conference on Computer Vision and Pattern Recognition, Long Beach, 2019: 3343-3352.

[104] 马艳军, 于佃海, 吴甜, 等. 飞桨: 源于产业实践的开源深度学习平台[J]. 数据与计算发展前沿, 2019, 1(5): 105-115.

[105] Gorbachev Y, Fedorov M, Slavutin I, et al. OpenVINO deep learning workbench: Comprehensive analysis and tuning of neural networks inference[C]. Proceedings of the IEEE/CVF International Conference on Computer Vision, Seoul, 2019: 783-787.

[106] 郭瑞香. 基于 ResNet 网络的红绿灯智能检测算法研究[J]. 闽南师范大学学报(自然科学版), 2021, 34(3): 46-54.

[107] 冼世平. 基于无人机自动巡检技术的输电线路缺陷识别方法的研究与应用[D]. 广州: 华南理工大学, 2020.

[108] 孙玉梅, 刘昱豪, 边占新, 等. 深度学习 PaddlePaddle 框架支持下的遥感智能视觉平台研究与实现[J]. 测绘通报, 2021(11): 65-69, 75.

[109] 邵欣桐, 刘省贤. 基于机器视觉的飞机轮胎检查技术研究[J]. 科学技术创新, 2020, (35): 13-15.

[110] 何钦, 李根, 严永煜, 等. 基于图像深度学习的牛个体的识别与统计[J]. 电子测试, 2021, (21): 68-71, 28.

[111] Sahu P, Yu D, Qin H. Apply lightweight deep learning on internet of things for low-cost and easy-to-access skin cancer detection[C]. SPIE Medical Imaging, Houston, 2018: 254-262.

[112] 于昕玉. 基于稀疏约束卷积神经网络的高分辨率遥感影像分类[D]. 西安: 长安大学, 2018.

[113] Albawi S, Mohammed T A, Al-Zawi S. Understanding of a convolutional neural network[C]. International Conference on Engineering and Technology, Antalya, 2017: 1-6.

[114] 高明慧, 张尤赛, 王亚军, 等. 应用卷积神经网络的纹理合成优化方法[J]. 计算机工程与设计, 2019, 40(12): 3551-3556.

[115] 张德馨. 通信信号特征提取与识别技术研究[D]. 成都: 电子科技大学, 2016.

[116] Simonyan K, Zisserman A. Very deep convolutional networks for large-scale image recognition[J]. arXiv preprint arXiv:1409.1556, 2014.

[117] Szegedy C, Liu W, Jia Y, et al. Going deeper with convolutions[C]. Proceedings of the IEEE Conference on Ccomputer Vision and Pattern Recognition, Boston, 2015: 1-9.

[118] Iandola F N, Han S, Moskewicz M W, et al. SqueezeNet: AlexNet-level accuracy with 50x fewer parameters and < 0.5 MB model size[J]. arXiv preprint arXiv:1602.07360, 2016.

[119] Liu S, Huang D, Wang Y. Learning spatial fusion for single-shot object detection[J]. arXiv preprint arXiv:1911.09516, 2019.

[120] Ghiasi G, Lin T Y, Le Q V. NAS-FPN: Learning scalable feature pyramid architecture for object detection[C]. Proceedings of the IEEE/CVF Conference on Computer Vision and Pattern Recognition, Long Beach, 2019: 7036-7045.

[121] Tan M, Pang R, Le Q V. Efficientdet: Scalable and efficient object detection[C]. Proceedings of the IEEE/CVF Conference on Computer Vision and Pattern Recognition, Seattle, 2020: 10781-10790.

[122] Glorot X, Bengio Y. Understanding the difficulty of training deep feedforward neural networks[C]. Proceedings of the Thirteenth International Conference on Artificial Intelligence and Statistics, Sardinia, 2010: 249-256.

[123] He K, Zhang X, Ren S, et al. Delving deep into rectifiers: Surpassing human-level performance on imagenet classification[C]. Proceedings of the IEEE International Conference on Computer Vision, Santiago, 2015: 1026-1034.

[124] 史加荣, 王丹, 尚凡华, 等. 随机梯度下降算法研究进展[J]. 自动化学报, 2021, 47(9): 2103-2119.

[125] 钱正成, 陈睿, 陆叶, 等. 基于动量梯度下降优化算法的色散均衡器设计[J]. 光通信技术, 2022, 46(2): 85-90.

[126] Kingma D P, Ba J. Adam: A method for stochastic optimization[J]. arXiv preprint arXiv:1412.6980, 2014.

[127] Vaswani A, Shazeer N, Parmar N, et al. Attention is all you need[J]. Advances in Neural Information Processing Systems, 2017: 30-40.

[128] Dosovitskiy A, Beyer L, Kolesnikov A, et al. An image is worth 16x16 words: Transformers for image recognition at scale[J]. arXiv preprint arXiv:2010.11929, 2020.

[129] 姜磊, 王红旗, 杜冬梅. 表面肌电信号拾取与预处理电路设计[J]. 科学技术与工程, 2013, (22): 6455-6459.

[130] Potvin J, Brown S. Less is more: High pass filtering, to remove up to 99% of the surface EMG signal power, improves EMG-based biceps brachii muscle force estimates[J]. Journal of Electromyography and Kinesiology, 2004, 14(3): 389-399.

[131] Bai S, Kolter J Z, Koltun V. An empirical evaluation of generic convolutional and recurrent networks for sequence modeling[J]. arXiv preprint arXiv:1803.01271, 2018.

[132] Hu J, Shen L, Sun G. Squeeze-and-excitation networks[C]. Proceedings of the IEEE Conference on Computer Vision and Pattern Recognition, Salt Lake City, 2018: 7132-7141.

[133] He K, Zhang X, Ren S, et al. Deep residual learning for image recognition[C]. Proceedings of the IEEE Conference on Computer Vision and Pattern Recognition, Las Vegas, 2016: 770-778.

[134] Woo S, Park J, Lee J Y, et al. CBAM: Convolutional block attention module[C]. Proceedings of the European Conference on Computer Vision, Munich, 2018: 3-19.

[135] 王雪松, 荣小龙, 程玉虎, 等. 基于自适应多尺度图卷积网络的多标签图像识别[J]. 控制与决策, 2022, 37(7):1737-1744.

[136] Carreira J, Zisserman A. Quo vadis, action recognition? A new model and the kinetics dataset[C]. Proceedings of the IEEE Conference on Computer Vision and Pattern Recognition, Honolulu, 2017: 6299-6308.

[137] Zach C, Pock T, Bischof H. A duality based approach for realtime TV L^1 optical flow[C]. Joint Pattern Recognition Symposium, Heidelberg, 2007: 214-223.

[138] Jiang B, Wang M, Gan W, et al. STM: Spatiotemporal and motion encoding for action recognition[C]. Proceedings of the IEEE/CVF International Conference on Computer Vision, Seoul, 2019: 2000-2009.

[139] Liu Z, Luo D, Wang Y, et al. Teinet: Towards an efficient architecture for video recognition[C]. Proceedings of the AAAI Conference on Artificial Intelligence, New York, 2020, 34(7): 11669-11676.

[140] Shahroudy A, Liu J, Ng T T, et al. NTU RGB+D: A large scale dataset for 3d human activ analysis[C]. Proceedings of the IEEE Conference on Computer Vision and Pattern Recognition, Las Vegas, 2016: 1010-1019.

[141] Ioffe S, Szegedy C. Batch normalization: Accelerating deep network training by reducing internal covariate shift[C]. International Conference on Machine Learning, Lille, 2015: 448-456.

[142] Yang C, Xu Y, Shi J, et al. Temporal pyramid network for action recognition[C]. Proceedings of the IEEE/CVF Conference on Computer Vision and Pattern Recognition, Seattle, 2020: 591-600.

[143] Long J, Shelhamer E, Darrell T. Fully convolutional networks for semantic segmentation[C]. Proceedings of the IEEE Conference on Computer Vision and Pattern Recognition, Boston, 2015: 3431-3440.

[144] Lei J, Wu M, Zhang C, et al. Depth-preserving stereo image retargeting based on pixel fusion[J]. IEEE Transactions on Multimedia, 2017, 19(7): 1442-1453.

[145] 李昕昕, 杨林. 面向复杂道路场景小尺度行人的实时检测算法[J]. 计算机工程与应用, 2020, 56(22): 124-131.

[146] Ding X, Zhang X, Ma N, et al. RepVGG: Making VGG-style ConvNets great again[C]. Proceedings of the IEEE/CVF Conference on Computer Vision and Pattern Recognition, Nashville, 2021: 13733-13742.

[147] Huang Z, Wang X, Huang L, et al. CCNet: Criss-cross attention for semantic segmentation[C]. Proceedings of the IEEE/CVF International Conference on Computer Vision, Seoul, 2019: 603-612.

[148] Zhang M, Xu G, Chen K, et al. Triplet-based semantic relation learning for aerial remote sensing image change detection[J]. IEEE Geoscience and Remote Sensing Letters, 2018, 16(2): 266-270.

[149] Zhan Y, Fu K, Yan M, et al. Change detection based on deep siamese convolutional network for optical aerial images[J]. IEEE Geoscience and Remote Sensing Letters, 2017, 14(10): 1845-1849.

[150] Hadsell R, Chopra S, LeCun Y. Dimensionality reduction by learning an invariant mapping[C]. IEEE Computer Society Conference on Computer Vision and Pattern Recognition, New York, 2006: 1735-1742.

[151] Sakurada K, Shibuya M, Wang W. Weakly supervised silhouette-based semantic scene change detection[C]. International Conference on Robotics and Automation, Paris, 2020: 6861-6867.

[152] Yang L, Zhang R Y, Li L, et al. SimAM: A simple, parameter-free attention module for convolutional neural networks[C]. International Conference on Machine Learning, Virtual, 2021: 11863-11874.

[153] Tomasi C, Manduchi R. Bilateral filtering for gray and color images[C]. Sixth International Conference on Computer Vision, Bombay, 1998: 839-846.

[154] Young I T, van Vliet L J. Recursive implementation of the Gaussian filter[J]. Signal Processing, 1995, 44(2): 139-151.

[155] 邓超迪, 李川, 李英娜. 基于直方图均衡化和双边滤波的变压器红外图像增强[J]. 电力科学与工程, 2020, 36(11): 38-44.

[156] Fang S, Li K, Shao J, et al. SNUNet-CD: A densely connected siamese network for change detection of VHR images[J]. IEEE Geoscience and Remote Sensing Letters, 2021, 19: 1-5.

[157] Chen H, Qi Z, Shi Z. Remote sensing image change detection with transformers[J]. IEEE Transactions on Geoscience and Remote Sensing, 2021, 60: 1-14.

[158] Chollet F. Xception: Deep learning with depthwise separable convolutions[C]. Proceedings of the IEEE Conference on Computer Vision and Pattern Recognition, Honolulu, 2017: 1251-1258.

[159] Howard A G, Zhu M, Chen B, et al. MobileNets: Efficient convolutional neural networks for mobile vision applications[J]. arXiv preprint arXiv:1704.04861, 2017.

[160] Khan Z Y, Niu Z. CNN with depthwise separable convolutions and combined kernels for rating prediction[J]. Expert Systems with Applications, 2021, 170: 114528.

[161] Chen H, Li W, Shi Z. Adversarial instance augmentation for building change detection in remote sensing images[J]. IEEE Transactions on Geoscience and Remote Sensing, 2021, 60: 1-16.

[162] Chen S, Yang K, Stiefelhagen R. DR-TANet: Dynamic receptive temporal attention network for street scene change detection[C]. IEEE Intelligent Vehicles Symposium, Nagoya, 2021: 502-509.

[163] Li Y, Yao T, Pan Y, et al. Contextual transformer networks for visual recognition[J]. IEEE Transactions on Pattern Analysis and Machine Intelligence, 2022, 45(2): 1489-1500.

[164] Mehta S, Rastegari M. Mobile: Light-weight, general-purpose, and mobile-friendly vision transformer[J]. arXiv preprint arXiv:2110.02178, 2021.

[165] Sandler M, Howard A, Zhu M, et al. MobileNetV2: Inverted residuals and linear bottlenecks[C]. Proceedings of the IEEE Conference on Computer Vision and Pattern Recognition, Salt Lake City, 2018: 4510-4520.

[166] Chen J, Yuan Z, Peng J, et al. DASNet: Dual attentive fully convolutional siamese networks for change detection in high-resolution satellite images[J]. IEEE Journal of Selected Topics in Applied Earth Observations and Remote Sensing, 2020, 14: 1194-1206.

[167] Zheng Z, Ma A, Zhang L, et al. Change is everywhere: Single-temporal supervised object change detection in remote sensing imagery[C]. Proceedings of the IEEE/CVF International Conference on Computer Vision, Montreal, 2021: 15193-15202.

[168] Telea A. An image inpainting technique based on the fast marching method[J]. Journal of Graphics Tools, 2004, 9(1): 23-34.

[169] Ronneberger O, Fischer P, Brox T. U-Net: Convolutional networks for biomedical image segmentation[C]. International Conference on Medical image computing and computer-assisted intervention, Munich, 2015: 234-241.

[170] Poudel R P, Liwicki S, Cipolla R. Fast-SCNN: Fast semantic segmentation network[J]. arXiv preprint arXiv:1902.04502, 2019.

[171] Zhao H, Shi J, Qi X, et al. Pyramid scene parsing network[C]. Proceedings of the IEEE Conference on Computer Vision and Pattern Recognition, Honolulu, 2017: 2881-2890.

[172] Sun K, Xiao B, Liu D, et al. Deep high-resolution representation learning for human pose estimation[C]. Proceedings of the IEEE/CVF Conference on Computer Vision and Pattern Recognition, Long Beach, 2019: 5693-5703.

[173] Long X, Deng K, Wang G, et al. PP-YOLO: An effective and efficient implementation of object detector[J]. arXiv preprint arXiv:2007.12099, 2020.

[174] Girshick R. Fast R-CNN[C]. Proceedings of the IEEE International Conference on Computer Vision, Santiago, 2015: 1440-1448.

[175] Lin T Y, Goyal P, Girshick R, et al. Focal loss for dense object detection[C]. Proceedings of the IEEE International Conference on Computer Vision, Venice, 2017: 2980-2988.

[176] Zheng Z, Wang P, Liu W, et al. Distance-IoU loss: Faster and better learning for bounding box regression[C]. Proceedings of the AAAI Conference on Artificial Intelligence, New York, 2020: 12993-13000.

[177] Wang C Y, Liao H Y M, Wu Y H, et al. CSPNet: A new backbone that can enhance learning capability of CNN[C]. Proceedings of the IEEE/CVF Conference on Computer Vision and Pattern Recognition Workshops, Seattle, 2020: 390-391.

[178] Liu S, Qi L, Qin H, et al. Path aggregation network for instance segmentation[C]. Proceedings of the IEEE Conference on Computer Vision and Pattern Recognition, Salt Lake City, 2018: 8759-8768.